STEAM & 创客教育趣学指南

Ruby FOR KIDS

达人迷 Ruby 趣味编程12例

◎[美] 克里斯托弗·豪普特（Christopher Haupt） 著
◎黄一天 译

for dummies
A Wiley Brand

人民邮电出版社
北京

图书在版编目（C I P）数据

达人迷 : Ruby趣味编程12例 / (美) 克里斯托弗•豪普特 (Christopher Haupt) 著 ; 黄一天译. -- 北京 : 人民邮电出版社, 2018.5
（STEAM&创客教育趣学指南）
ISBN 978-7-115-47723-1

Ⅰ. ①达… Ⅱ. ①克… ②黄… Ⅲ. ①网页制作工具－程序设计 Ⅳ. ①TP393.092.2

中国版本图书馆CIP数据核字(2018)第019826号

版权声明

商标声明

◆ 著　　　　[美] 克里斯托弗・豪普特（Christopher Haupt）
译　　　　黄一天
责任编辑　周　璇
责任印制　周昇亮

◆ 人民邮电出版社出版发行　　北京市丰台区成寿寺路 11 号
邮编　100164　　电子邮件　315@ptpress.com.cn
网址　http://www.ptpress.com.cn
北京画中画印刷有限公司印刷

◆ 开本：800×1000　1/16
印张：14　　　　　　2018 年 5 月第 1 版
字数：253 千字　　　2018 年 5 月北京第 1 次印刷

著作权合同登记号　图字：01-2017-1799 号

定价：89.00 元

读者服务热线：(010)81055339　印装质量热线：(010)81055316
反盗版热线：(010)81055315
广告经营许可证：京东工商广登字 20170147 号

内容提要

Ruby 是一种简单快捷的面向对象的脚本语言，在实际工作中，Ruby 也被作为常用的开发软件使用。本书是非常基础的入门书，从什么是 Ruby、如何安装软件开始讲起，进行第一个编程 Hello World，随后一步步介绍编程模块并根据游戏设计案例讲解 Ruby 软件的应用实践方法。

作者简介

克里斯托弗·豪普特（Christopher Haupt）是一名计算机科学家、企业家、游戏设计者以及启动顾问。他热爱花费时间来教授和指导各个年龄段的孩子了解编程的神奇之处。Christopher 在他当地的校区和更大的社区里是一名很活跃的成员，他在 STEAM 项目、科学博览会或其他地方为孩子们激发兴趣并提供支持，让孩子们可以探索技术、实践他们的好奇心并释放他们的创造力。

献词

本书献给我的孩子们：Zachary 和 Sydney Haupt。你们两位不断地激发我的灵感，使我可以找到新的方法来帮助下一代的科学家、技术专家、工程师、艺术家和数学家的成长并取得成功。

作者致谢

我想对所有指导和帮助过我测试每个项目并提出建议的人致以特别的感谢，他们包括：Sydney Haupt、Lynda Haupt、Sacramento Ruby 聚会和 HackerLab 上的好伙伴，Don Scott 和他历届在 E.V. Cain STEM Charter 中学教授的所有学生以及我的技术审稿人。我也要对以下人物致以深深的感谢。Carole Jelen，你让我重新开始进行专业写作；Elizabeth Kuball 让我的写作内容变得容易理解；我的读者和当地的学生、家庭成员和朋友、所有我社交媒体的关注者以及 Wiley 公司令人惊叹的队伍。所有优质的内容都是在极其优秀的人的帮助下完成的，所有拼写错误和问题都是我自己的！

出版致谢

执行编辑：Steve Hayes

项目编辑：Elizabeth Kuball

文字编辑：Elizabeth Kuball

技术编辑：Seinivas Kolli

制作编辑：Kinson Raja

目　　录

概述

《达人迷：Ruby 趣味编程 12 例》一书，通过使用 Ruby 编程语言介绍一些关于编程的基础知识。在每个项目中，我将和你一起通过一步一步的指令在你的 Mac 或者 Windows 计算机上构建 Ruby 程序。学习本书，你不必担心没有任何编程经验，但必须拥有好奇心和冒险精神。

Ruby 编程语言出现在 20 世纪 90 年代中期，它在 web 应用开发者中非常流行。但除了 Web 应用，Ruby 还可以被应用在更多的领域。在本书中，你会发现 Ruby 可以应用于小型的“ 命令行”工具和计算；或者大型的用于家庭、工作或学校的程序；甚至是图像游戏（我会向你展示很多游戏）。

Ruby 是由松本行弘（Yukihiro Matsumoto）设计开发的，它致力于保持 Ruby 的娱乐性和高效性。希望在你研究本书中的项目时能从中获得乐趣，并且会希望继续使用 Ruby（或其他编程语言）来实现你自己的编程想法。

编程本质上和运动、音乐或创造艺术是相似的。你不可能仅仅通过领会一本书的内容就期望能完全掌握它或成为某个领域的专家。相反，你需要花费大量的时间在键盘上练习。即使是专业的程序员，他们也会在他们的职业生涯中不断地练习。

通过研究本书中的项目，你将开启在 Ruby 编程道路上的第一个篇章。

关于本书

编程是一个很大的话题，Ruby 本身是一个非常有效的编程语言。我会重点介绍一些基础的关于编程和 Ruby 的部分。你不需要急着完成本书中的项目，你可以按照你自己的意愿快速或者慢慢地完成这些项目。每个章节的项目都是一个独立并且有用的程序或游戏。伴随着这些项目，你会学到如何和专业程序员使用一样的工具并学到那些可以帮助你成长为一名合格的程序员的技能。

在此之前，你不需要有任何编程经验，但如果你有些经验也是很好的——因为你会在学习 Ruby 怎么工作中发现它和其他语言的相似点。我会向你展示如何使用“Ruby 方式”来处理问题，同时，当你只是在学习概念时，我也会向你展示简单的方法。

本书中包含了以下主题：

- 构建简单 Ruby 程序的通用方法
- Ruby 的表达式和操作符
- 利用方法和对象来组织功能
- 表示数据的基本方法，包括数字、字符串和数组
- 使用循环
- 使用 if...else 语句

学习如何用 Ruby 编程不仅仅是用这门语言来编写代码，你同样需要了解这个语言背后使用的工具、资源和社区内容。

Ruby 之所以变得如此流行是因为相对其他语言来说它简单易学，同时，用来编写、测试和运行 Ruby 的工具都是很容易获得且免费的。在本书中，我将帮助你从一些简单的、免费的程序开始着手，这些程序在你今后构建一些相当复杂的软件时非常有用。

你也会学习一些通用的编程技术，更重要的是，你会见识到各种不同的项目。希望这些项目能够引起你的兴趣并鼓励你继续探索更高层次的技术。

为了更好地阅读本书，你需要记住一些提示。首先，所有的 Ruby 代码和命令行指令都会以等宽字体（monospaced）展示，如：

```
puts "hello programs! Welcome to Ruby"
```

书页两侧的留白可能和你的显示器上的内容不一样，因为很长的 Ruby 程序或者它产生的输出可能会被截断为多行。记住，在你的计算机的眼里，这些多行代码都会被理解成单行的 Ruby 代码。我将会使用标点符号或者空格来截断那些本应是一行的代码并把溢出的部分进行缩进，如：

```
def room_type
["cave", "treasure room", "rock cavern", "tomb",
    "guard room", "lair"].sample
end
```

Ruby 是大小写敏感的，这意味着交换或者混用大小写字母可能会出现问题。为了保证你能获得和本书中的项目一样的正确结果，你需要时刻保证和我使用一样的大小写和拼写。

Ruby 对你使用的引号类型也敏感。因此，如果在文中看到了双引号（“）或单引号（‘），

确保你使用了同样类型的引号，同时也要保证它们是垂直的，而不是倾斜的。

一些看似愚蠢的假设

为了理解编程，你需要有耐心并具有对某个领域进行逻辑思考的能力。你不需要是一名计算机大师或者黑客。你不需要能够制造一台计算机或计算机的一部分（尽管那可能很有趣！）。你不需要知道一个字节里的比特位或者需要多少个程序设计员才能扭紧一个新的电灯泡。

但是，我还是需要对你的水平做一些假设。我假设你会打开你的电脑，你知道如何使用鼠标和键盘，你拥有 Internet 连接和网页浏览器，你也需要知道怎样找到并运行计算机上的程序。

在本书中，除了上述内容，还我会解释需要怎样配置并使用 Ruby 进行编程。

本书中使用的图标

这是我将在本书中使用的图标，它们会用来标记一些值得注意的文本和信息。

这个图标强调了一些你可能感兴趣（也可能不感兴趣）的技术细节。你可以跳过这些信息，但如果你是技术型人才，很可能会喜欢阅读它。

这个图标包括一些简单的方法或捷径，这会节省你的时间和工作量。

无论何时，当你看到这个图标，一定要注意，这些内容你不能忘记。在某些情况下，我会提醒你一些你可能已经忘记的内容。

当心！这个图标会警告你，让你避免那些需要远离的陷阱。

本书之外

我会整理一些额外的内容，你会在网上而不是在本书中找到它们。

- **速查表**：你可以在 www. dummies.com/cheatsheet/rubyforkids 上找到一个在线的速查表。在里面，你可以找到一些有用的信息，包括：Ruby 的语句、条件、循环和对象；一系列不能在 Ruby 中使用的变量名或方法名；一系列由常见 Ruby 类提供的有用的方法；一些常见错误的描述以及导致它们的原因；一些关于 Ruby 语言的摘录。
- **额外的网络资源**：你可以在 www.dummies.com/extras/rubyforkids 上找到一些在线的文章，它们将涵盖一些额外的主题。在这些文章中会包含怎样优雅地管理你的 Ruby 类、一些 Ruby 的捷径（也被称为"地道的 Ruby"）、关于定位 Ruby 问题的小提示以及更多内容。

未来

编程是爆炸式的，如果使用 Ruby 则更加令人惊叹，甚至 Ruby 的创始者也希望你能从中获得乐趣！在你学习了一些基本知识后，你可以开始利用你新掌握的能力来尝试各种各样的事情。

我对能获得关于你学习 Ruby 的进展的消息非常感兴趣！如果你想要向我展示你的新想法、修改过的地方或者对我的项目的加强，亦或者你有一些你自己想出来的项目，你都可以访问我的 Facebook(www.facebook.com/mobirobo) 或推特（www.twitter.com/mobirobo_inc）或发邮件给我（ruby@mobirobo.com）。

第一部分

最基本的构建模组

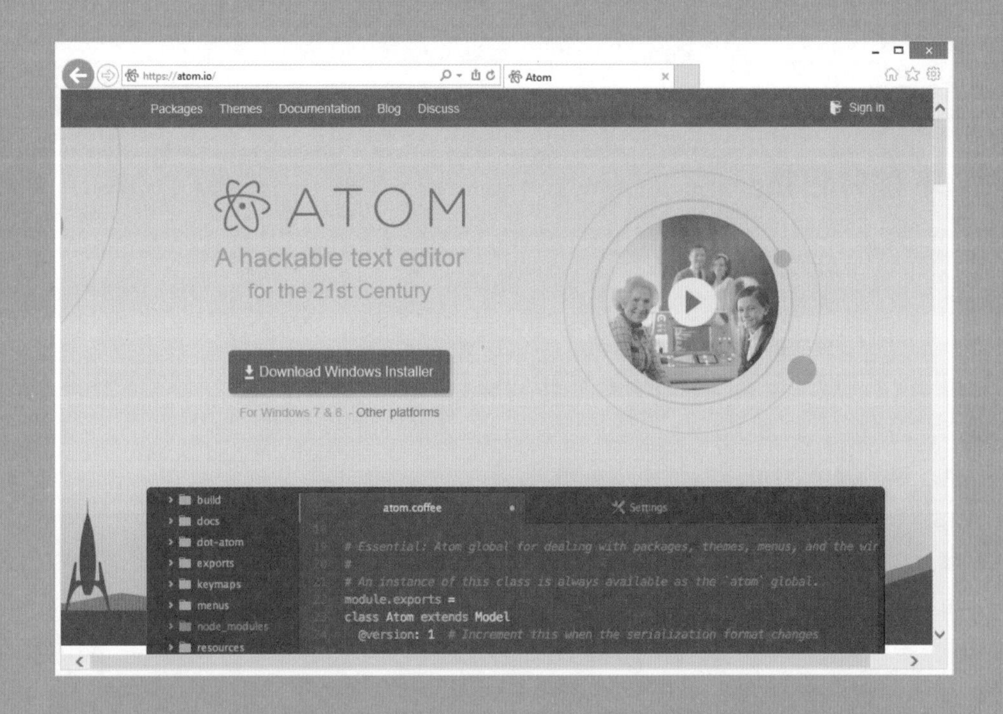

本部分包括：

- 开始你的 Ruby 旅程
- 大数字
- 更大的 Hello World

项目一
开始你的 Ruby 旅程

现如今，计算机无处不在——笔记本、平板、手机、电视、手表、医疗设备、厨房用具、汽车、宇宙飞船、大型工厂、小型机器人以及其他数以百万计的或大或小的地方。

那么在这些东西的内部，计算机是怎么运作的呢？它需要有人教它！在每一个动画电影、网站、游戏、车辆或设备后面都有人费了很大力气来教会计算机怎样完成它的任务，这些人就是程序员。

在本章中，我会告诉你一些关于编程的背景知识，以及程序员在编写计算机软件或代码时如何整理他们的想法。我会和你分享一些 Ruby 的背景，这门语言将会贯穿整本书。接着我会告诉你如何安装一些工具，在本书剩余章节中你将会不断地使用它们。

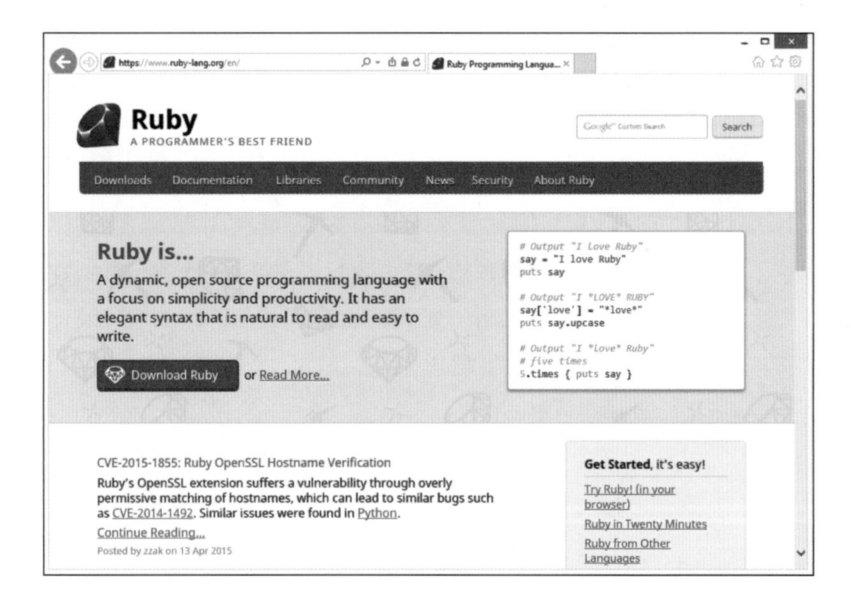

什么是编程？

就本身而言，计算机是很愚蠢的。如果没有一个人准确地告诉它需要做什么，计算机只会“坐”在那里。计算机做的任何事情——我是指任何事情，包括在屏幕上显示图片或文字、理解你在键盘上输入了什么或者在平板上接触或滑动了什么——都需要一些软件解析来自不同电路板上的信号，这些信号处于计算机中的某个地方，它们会被修改，然后被传输到计算机的另一个地方，才能完成某项工作，这是一项大工程。

幸运的是，年复一年的过去，很多聪明的人想出了不同的方法来和计算机进行清晰的交流。为一个计算机写指令的过程就是编程或编码，它的最终产出则是一个程序或者软件。

一门计算机语言和一门人类语言有很多相同的地方。它有符号和单词（例如名词和动词），你可以按照语法规则（拼写规则、顺序、标点符号）来组合它们。

当你开始学习编程时，你可以把这些知识运用到任何使用计算机的地方，这将为你打开一个广袤的世界。你将会有能力阅读其他人写的程序，并以此来学习更多关于计算机的知识。或者，你也可以使用你写的程序来解决作业问题、创建迷宫、构建一个新游戏、创建一个网站，甚至可以用它来操纵机器（例如机器人）。

为了更好地给一台计算机下指令让它做成某件事情，你的程序需要非常的精确。想象一下如果你想要告诉你的朋友做某件事情。例如，你应该如何告诉某人让他坐在办公椅上？你可能会这么说。

1. 将椅子向外拉出。
2. 坐下。

你的朋友足够聪明，并且你的指令也很完美，因此，你的朋友会非常安全地坐到椅子上，而不是跌倒在地或者发生其他意外。人类本身拥有很多可以帮助解析这类指令的知识。

现在，如果你要告诉一个计算机让它“坐”下，这将会是怎样的场景？你需要一个非常详细的指令。例如，你会这么说。

1. 将椅子拉离桌子。
2. 移动一下，让你的身体到达椅子的前面。
3. 转身以保证让你的后背对着椅子。
4. 确保你的身体紧靠着椅子。
5. 开始弯曲你的膝盖并降低你的身体。
6. 继续弯曲你的膝盖直到你的下盘到了椅子。
7. 当你的重量可以被椅子抵住时，停止弯曲你的膝盖。

即使是这样的指令也可能是不够的，因为它仍然做了一些假设（例如你身体的各部分是怎么命名的）。

自己尝试一下：怎样准确地告诉一台计算机，让它做如何给一个杯子装满水的事情？

程序员需要用这种面向细节的方法思考。当你学习如何写程序时，你会开始擅长如何把一个大问题一步一步地分成小的部分。这些部分最终都会变成一行一行的代码。随着时间过去，你将会学到一些其他的技术，它们会帮助你识别你需要向计算机描述的不同对象以及这些对象会进行的行为。这会帮助你很好地组织你的代码，从而使构建一个非常复杂的软件变得可能。很酷，不是吗？

为什么选择 Ruby？

市场上有很多不一样的计算机程序语言，每种语言都有它的优点和缺点。一些语言可以简单地控制大型机器；一些语言则是专门为手机程序设计的——例如 iPhone；一些语言让搭建网站变得很简单；而一些语言很适合进行科学和工程研究。

一个通用性的编程语言对不同种类的项目都很友好，通用编程语言有很多选择。当你想要学习编程时，最重要的一点是你需要找到一个点并深入研究下去，训练你自己像程序员一样思考。当你学会了一门编程语言后，再学习第二门语言会变得很简单。

在本书中，我使用的语言是 Ruby。Ruby 是一个可以被用于不同类型的项目的灵活的通用型语言。它是在 20 世纪 90 年代中期被一位名为松本行弘（Yukihiro Matsumoto，他广为人知的别名是 Matz）的日本人发明的。别紧张——使用 Ruby 编程不需要学习日语！当今，Ruby 在全世界范围内被应用于各种各样的项目，可能是通过初学者，也可能是通过专家。

在创建 Ruby 时，Matz 的脑中有一个非常棒的哲学理念：他想让程序员变得高效、变得喜欢编程，同时又能保持快乐。这是我最喜欢 Ruby 的一点：在你学习和使用 Ruby 写程序的时候，你会获得快乐！

你需要哪些工具？

显而易见，你需要一台可以运行最新的桌面版操作系统（Mac OS X 或者 Windows）的计算机。

如果你的计算机上运行的是 Linux 系统，你仍可以跟着完成这本书里的项目。在这里我

不会介绍 Linux 版本的 Ruby 安装方法，你可以在 Ruby 的官方文档中找到它们：www.ruby-lang.org/en/documentation/installation。只要你选择安装了 1.9.3 以上的 Ruby 版本，就都是没问题的。

要完成本书中的项目，你只需要一些基本的工具，它们都是免费的。

首先，你要安装 Ruby，和其他软件一样，Ruby 需要使用你的计算机的一部分性能。我会在本节中和你一起一步一步地安装 Ruby。

其次，你需要一个专门用来编程的文本编辑器。Word 在处理编码方面效果并不好，所以你需要一个专为程序员设计的工具。市场上有很多优良且免费的编辑器，在本节中我会帮助你安装其中的一种（你也可以使用其他的编辑程序，只要你觉得它在某种程度上适合编程）。

如果你使用的是 Windows 系统

如果要在 Windows 上运行 Ruby，你需要安装 Ruby 以及一些开发者工具。指令如下（在 Windows 8 和 8.1 上测试通过）。

1. 在浏览器上打开 http://rubyinstaller.org。
2. 点击那个巨大的红色的下载（Download）按钮。

此时会出现一个 Ruby 安装（RubyInstallers）清单。

3. 点击 Ruby 2.2.2，一般它位于清单的顶部（见图 1-1）。

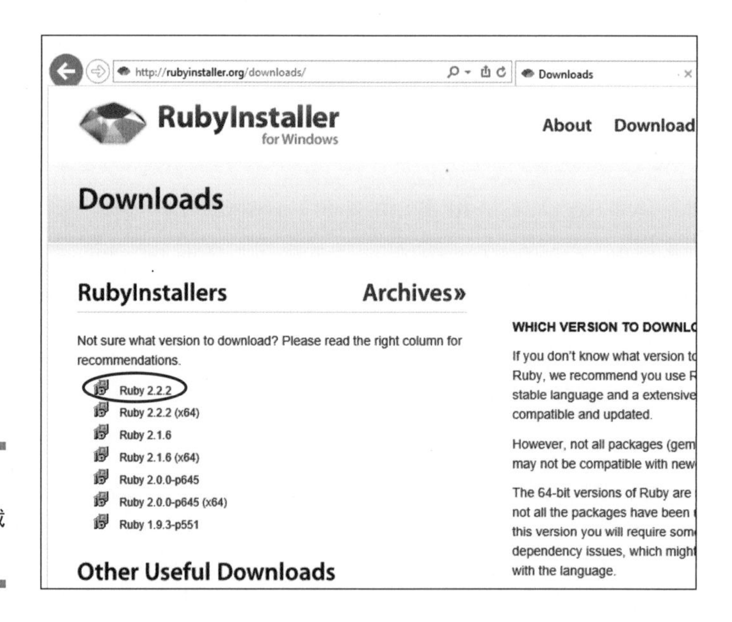

图 1-1

点击 Ruby 2.2.2 下载安装程序。

不要点击 Ruby 2.2.2(x64)。

一个安装程序会下载到你的电脑上。

4. 点击运行程序（ 如果 Windows 有这个选项 ）来运行这个安装程序，或者在下载完成后双击下载下来的那个文件。

安装程序会让你选择安装时的语言，接受安装许可，接着安装程序会让你选择一些配置选项。保持默认的文件路径，但是**取消**“Install Tcl/Tk Support”前的复选框（在本书中不会用到它），同时确保其他两个复选框处于被选择状态：Add Ruby Executables to Your PATH 和 Associate .rb and .rbw Files with This Ruby Installation。（ 见图 1-2 ）（ 译者：实际情况下，安装程序不支持中文，故此三处与原文保持一致，下文同 ）。

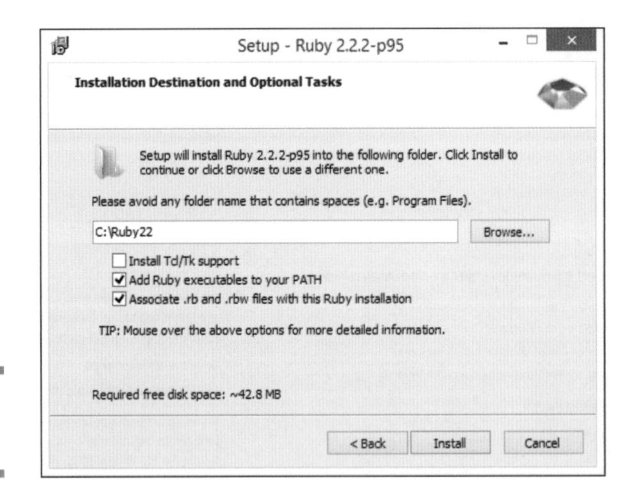

图 1-2

设置 Ruby 安装选项。

安装程序结束后，它会在 C 盘的根目录下新建一个名为 Ruby22 的文件夹。你可以使用 Windows 8 桌面版以及其资源管理器来确认这个文件夹是否存在（ 见图 1-3 ）。

你同样必须从 http://rubyinstaller.org 下载一些开发者工具，这个工具会在本书中的一些项目里被用到，步骤如下。

1. 在浏览器中打开 http://rubyinstaller.org。

2. 向下拖动网页直到 Development Kit 部分，然后点击“For use with Ruby 2.0 and above（ 32bits version only ）”下方的文件（ 见图 1-4 ）。

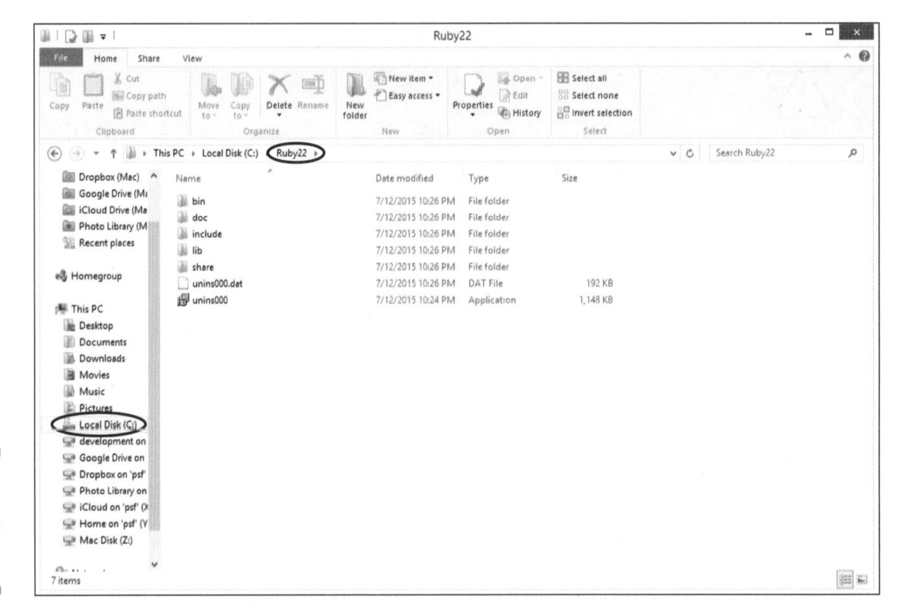

图 1-3

确认 Ruby22 文件夹是否存在。

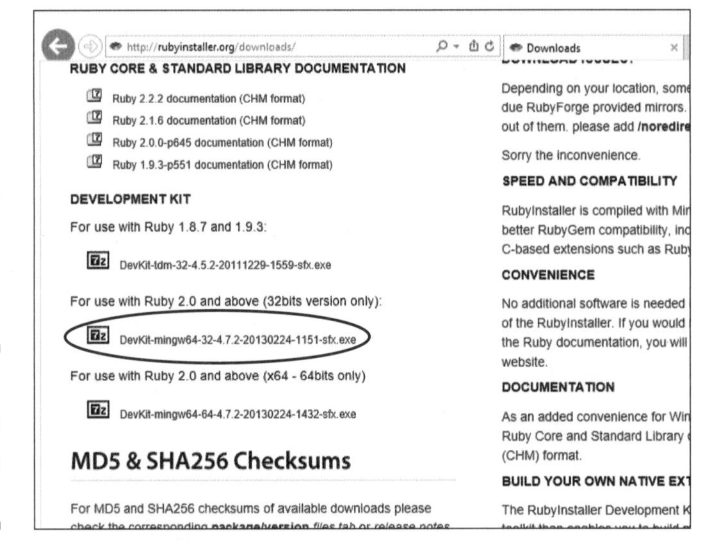

图 1-4

下载适合Ruby2.0或2.0以上的开发者工具，确保选择 32 位版本。

一个安装程序会下载到你的计算机。

3. 点击运行程序（如果 Windows 有这个选项）来运行这个安装程序，或者在下载完成后双击下载下来的文件。

安装程序会询问你将工具集安装到什么位置。你需要把它安装到它自己的文件夹，而不是你在上个步骤里选择的 Ruby 文件夹。为了让本书中的项目变得更简单，你可以在 C 盘里选择一个和 Ruby22 文件夹在一起的位置。

4. 输入 C:\DevKit，见图 1-5。

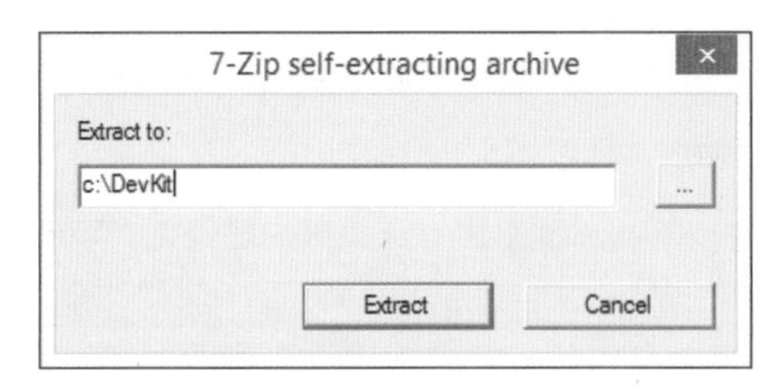

图 1-5
选择 DevKit 安装目录。

现在，你需要完成最后的步骤，如下。

1. 打开 Windows 的启动界面（或开始菜单）。

2. 点击 Start Command Prompt with Ruby 程序（我的电脑看起来如图 1-6 所示）。

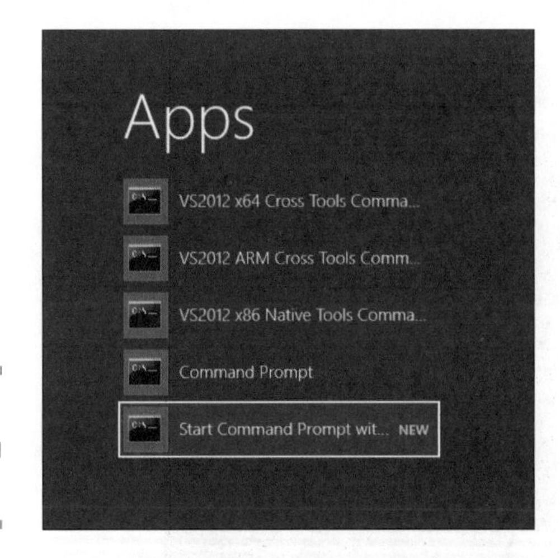

图 1-6
点击 Start Command Prompt with Ruby。

如果在你的启动界面上有很多程序，你可以通过搜索“command”来缩小选择范围。

在使用命令行提示符的程序中，你需要通过输入命令来完成任务。在使用计算机的过程中，命令行方式是一种比较低级的方法，但在鼠标和图形界面被发明之前，它是唯一一种可以告诉计算机要做什么的方法！

3. 将你的当前路径切换到开发者工具所在的文件夹。

当你首次打开命令行提示符程序时，你一般都是处于你的主目录。为了完成设置，你需要切换到 DevKit 目录。显示器会向你展示一个提示符，告诉你可以从哪个位置开始输入：

```
C:\Users\chris>
```

当你在本书中看到一些命令时，你只需要关注提示符后面的内容。你不需要输入提示符部分，只需要关注命令本身。

输入 cd \DevKit，并按下回车键来告诉计算机你已经完成了这条命令。

你会发现提示符已经切换到了你的新位置：

```
C:\Users\chris > cd \DevKit
C:\DevKit>
```

4. 使用 Ruby 来配置更多 Ruby 工具。

开发工具集中包含一个以 dk.rb 命名的 Ruby 配置程序，你可以用它来完成后面两个步骤。输入第一条指令然后等待它执行完成，见图 1-7。

```
C:\DevKit> ruby dk.rb init
```

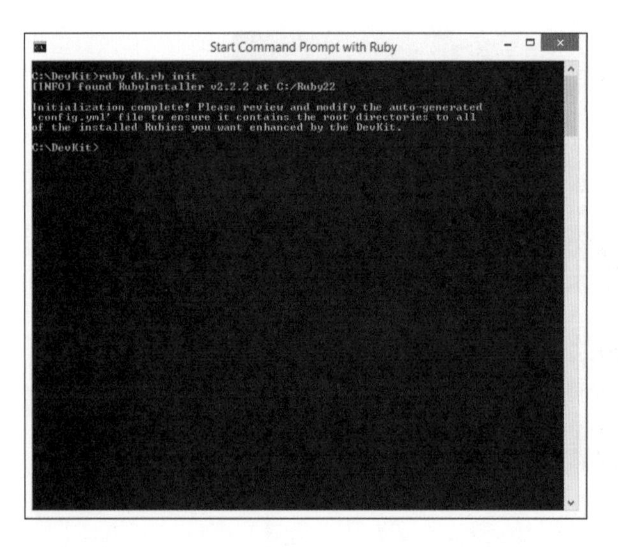

图 1-7

初始化开发工具集。

如果你看到了 Initialization complete！消息，说明开发工具集已经准备好完成它工具的安装了。

5. 输入安装命令并等待它完成（见图 1-8）：

```
C:\DevKit> ruby dk.rb install
```

图 1-8

安装开发工具集。

唷！你只需要执行一次这些命令就可以让你的计算机为 Ruby 编程做好准备，现在你已经基本完成了。

6. 开发工具集已经就绪了，现在你需要安装 Ruby gems（加强 Ruby 的小插件），它们可以被应用于本书更复杂的项目里。

你会在之后的章节中学习很多关于 Gosu 的内容，它是一个图形和游戏编程库。输入命令并注意一下进度条（见图 1-9）。

```
C:\DevKit> gem install gosu
```

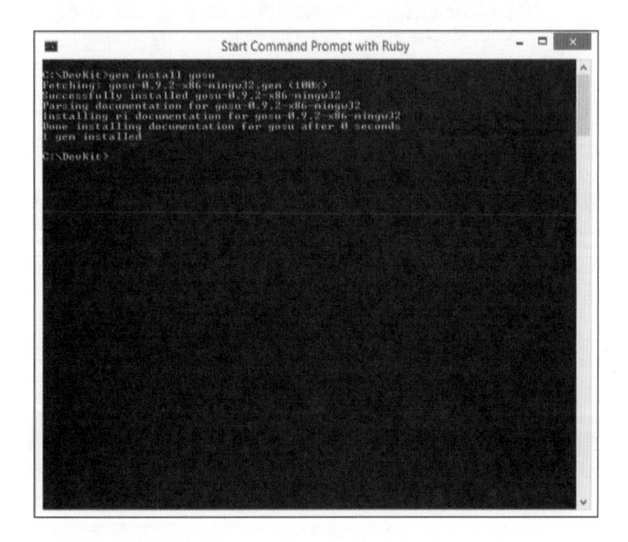

图 1-9

安装 Gosugem。

可能有个 Windows 安全警告会弹出告诉你 Ruby 正在尝试使用 network。这是没问题的——你可以选择对话框里的默认选项。你可能需要输入你的密码来完成这个对话框。

哇，虽然工作量有点大，但你已经成功地安装了 Ruby。

现在，你需要一个代码编辑器让你更简单地编写代码。

1. 在你的浏览器里访问 www.atom.io，然后单击 Download Windows Installer 按钮（见图 1-10）。

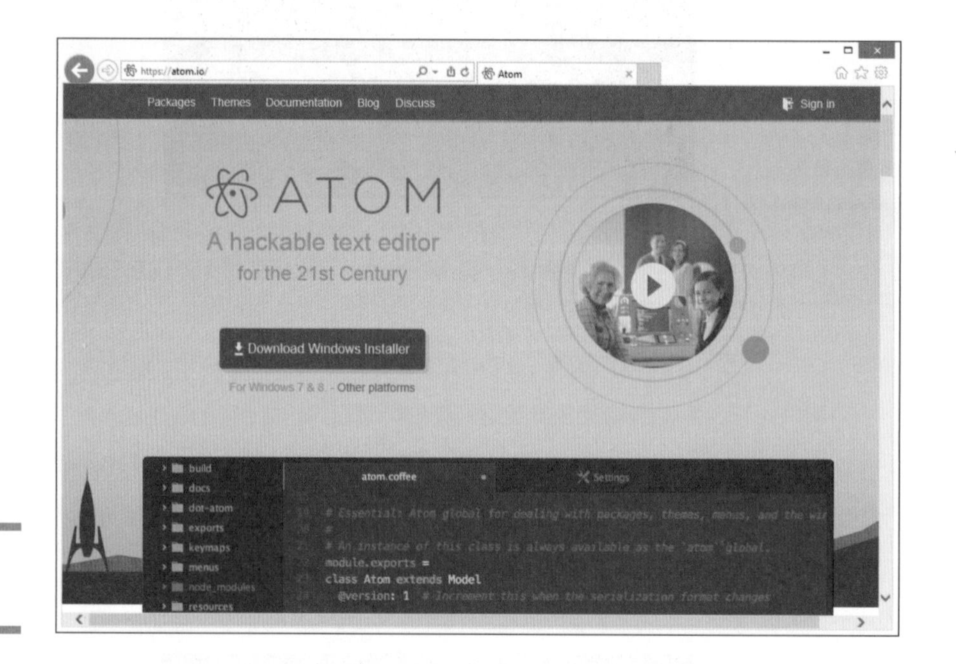

图 1-10

下载 Atom 编辑器。

Atom 是免费的一种功能十分强大的代码编辑器，你可以用它来编写很多不同的计算机语言，其中包括 Ruby。

一个安装程序会被下载到你的计算机上。

2. 点击运行程序（如果 Windows 有这个选项）来运行这个安装程序或者在下载完成后双击下载下来的文件。

你会看到一个进度对话框。当这个安装程序结束后，Atom 编辑器就会启动（见图 1-11）。

你可以看到 Atom 的欢迎界面，这意味着你可以开始使用 Ruby 编程了！

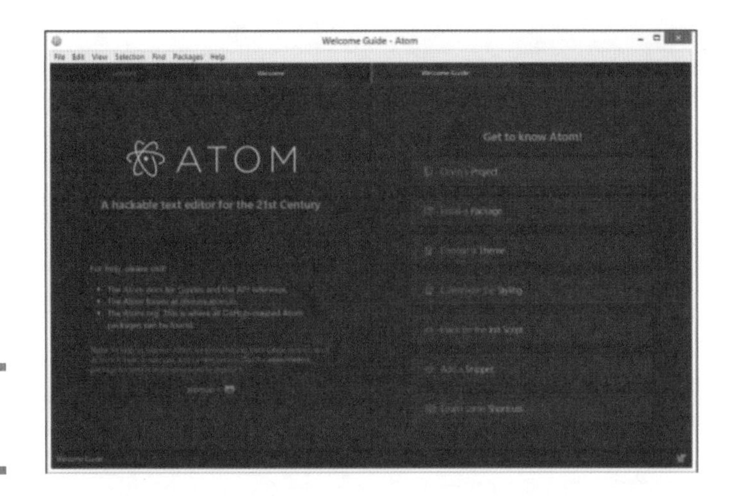

图 1-11

Atom 欢迎界面。

Ruby 处于持续不断的更新和提升中。本书中的项目使用了在编写本书时发布的 Ruby 版本:2.2.2。Ruby 使用的版本框架是：第一个数字代表主要版本号，第二个数字代表次要版本号，第三个数字是目前的构建号（有时也被称为补丁版本）。本书中的内容都应该和旧版本 1.9.3 兼容，但是你最好还是使用 2.2.0 或以上的版本。在 Windows 中，如果要使用如 Gosu 的游戏编程库，选择 32 位的 Ruby 版本和开发工具集也是十分重要的。

如果你使用的是 Mac OS X 系统

小贴士大用途

如果要在 Mac OS X 上安装开发者工具，你需要使用一个具有管理员权限的账户登录你的计算机。如果你是电脑的唯一使用者，你通常会被默认为管理员。如果你用的是家里、学校或者工作场所的公共电脑，那么你可能需要先获取一个管理员账户。你可以在“系统偏好”“用户 & 组”里检查一下你当前的访问权限（我的计算机看起来和图 1-12 一样）。你只有在安装阶段才需要管理员权限，而完成本书中的项目是不需要管理员权限的。

为了在 Mac OS X 上运行 Ruby，你需要安装 Ruby 和一些开发者工具。接下来的指令在 Mac OS X Yosemite (10.10.4) 上已经被测试通过。只要你运行的是该类型的 Mac OS X 的最新版本，那它们在 MacOSXElCapitan（10.11.1）或 Mavericks（10.9.5）上应该也可以正常执行。

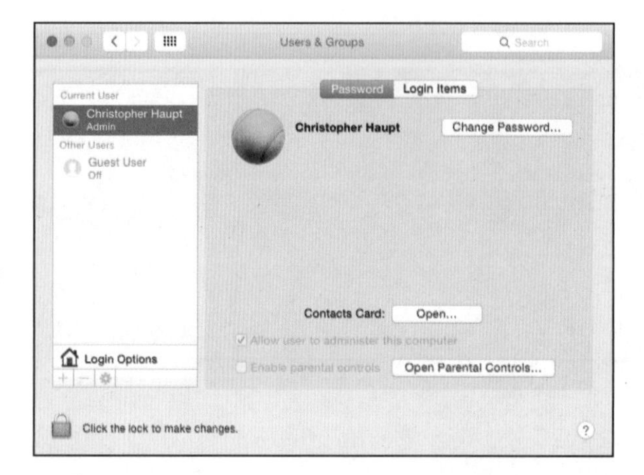

图 1-12

在“用户 & 组”里确认你的账户是管理员账户。

1. 打开“应用”文件夹，然后打开“实用程序”(见图 1-13)。

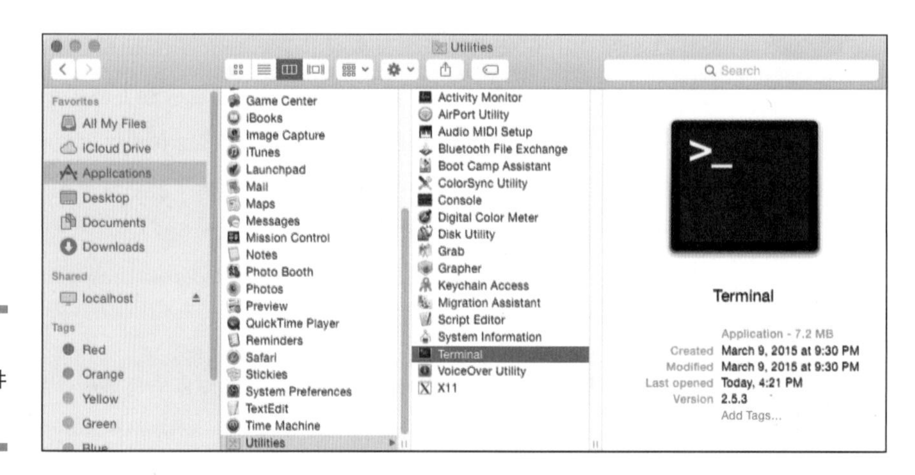

图 1-13

在“实用程序”文件夹里定位终端程序。

2. 打开终端程序。

你可以看到一个看起来像是美元符号（$）的提示符（见图 1-14）。在终端程序里，你可以输入指令，并按回车键来执行指令。在使用计算机过程中，命令行方式是一种比较低级的方法，但在鼠标和图形界面被发明之前，这是唯一一种可以告诉计算机要做什么的方法。

注意，一个默认的提示符会包含一些信息，例如：你计算机的名字、你所在的文件夹，甚至你当前的登录名：

```
Christophers-MacBook-Pro:~ chaupt$
```

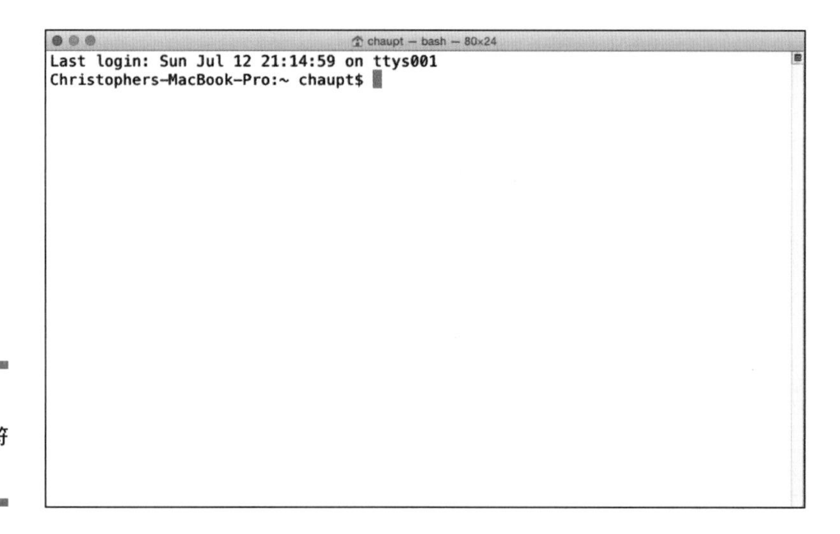

图 1-14

包含一个标准提示符的终端程序。

在本书中，我会省略完整的提示符，只展示“$”符号后的内容以节省空间。

3. Mac OS X 会预装某一个版本的 Ruby，在命令行的提示符里输入 ruby-version 来检查它的版本信息：

```
$ ruby --version
ruby 2.0.0p481 (2014-05-08 revision 45883)
     [universal.x86_64-darwin14]
```

在本例中，Ruby 的版本是 2.0.0，字母 p 后面的数字是当前的补丁号或构建号。在我的电脑上，补丁号是 481。尽管存在更新版本的 Ruby，但是 Mac 的版本会随着你安装更新而发生改变，当前的版本应该能够支持你完成本书中的项目。

4. 为了使用一些 Ruby gems（加强 Ruby 的小插件）完成本书中的项目，你必须安装 Apple 的命令行安装工具。这些工具是免费 Xcode 开发工具包里的一部分，它由 Apple 提供。在终端中，输入如下命令：

```
$ xcode-select --install
```

在按下回车键后，程序会打开一个窗口用来确认你是否需要安装这些工具（见图 1-15）。

5. 点击安装按钮，同意安装许可，然后等待工具安装。

这一步骤可能会需要一些时间，这取决于你的网速。

6. 接下来，你需要安装一个名叫 Homebrew 的软件安装工具。Homebrew 让安装和更新其他软件变得更加简单，这些软件被称为包。本书中的一些项目会使用一些依赖于底层软件的 Ruby gems。Homebrew 让这些工作都变得简单了。在你的浏览器里访问

Homebrew 的网站：www.brew.sh（见图 1-16）。（译者：这个地方我确认了一下正确的网址是 brew.sh 而不是 www.brew.sh，原文中的网址不能访问）

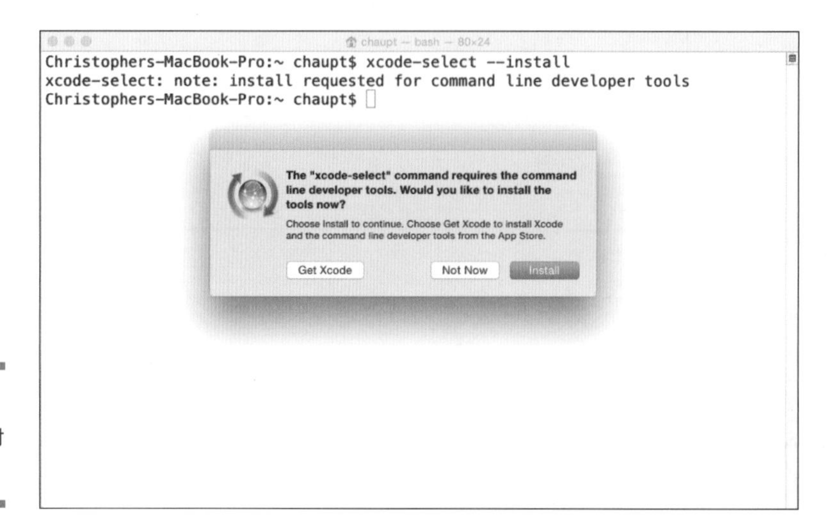

图 1-15

Xcode-select 确认对话框。

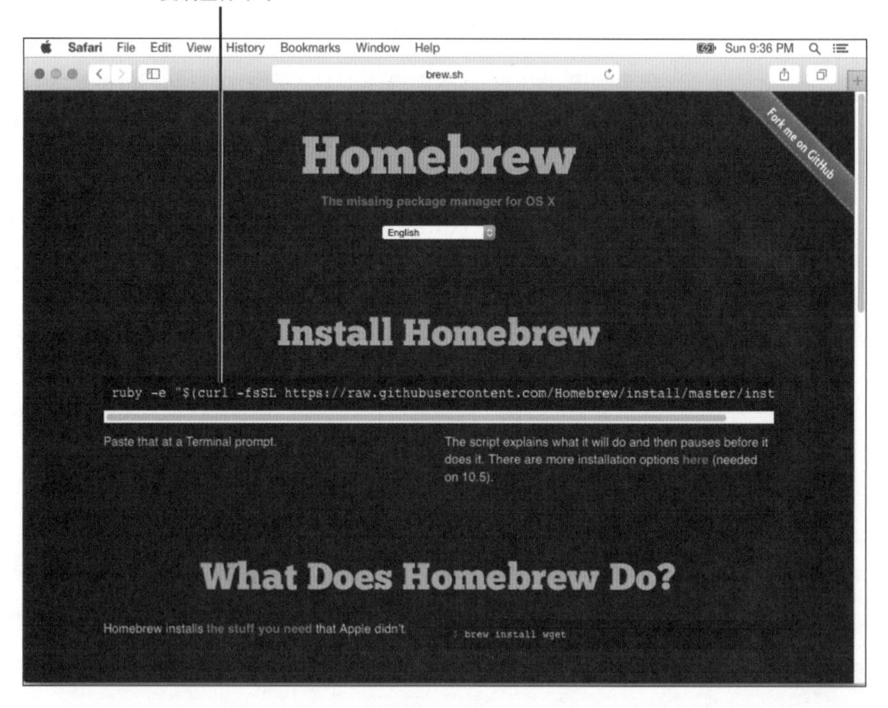

图 1-16

Homebrew 的主页和安装命令。

你可以看到安装 Homebrew 的指令。这个页面包含了一条以 ruby-e 开头的相当长的命令。你可以在网页中复制它，并把它粘贴到终端窗口的提示符后面。

这是一行很长的代码，如果有问题出现，请确保你复制了所有的内容。

这行命令使用 Ruby 来安装 Homebrew 工具。它会出现一个关于使用 sudo 的警告，然后询问你的密码来完成你的安装。你可能不熟悉这种警告方式，但如果只是用来完成安装，它是安全的。无数程序信息会在你的屏幕上闪过（见图 1-17）。如果你收到一个消息说你没有同意 Xcode 的许可协议，你需要回答它接下来显示的指令，然后继续进行安装。

```
chaupt — bash — 80×24
or the deletion of important system files. Please double-check your
typing when using sudo. Type "man sudo" for more information.

To proceed, enter your password, or type Ctrl-C to abort.

Password:
==> /usr/bin/sudo /bin/chmod g+rwx /usr/local
==> /usr/bin/sudo /usr/bin/chgrp admin /usr/local
==> /usr/bin/sudo /bin/mkdir /Library/Caches/Homebrew
==> /usr/bin/sudo /bin/chmod g+rwx /Library/Caches/Homebrew
==> Downloading and installing Homebrew...
remote: Counting objects: 3660, done.
remote: Compressing objects: 100% (3491/3491), done.
remote: Total 3660 (delta 36), reused 651 (delta 28), pack-reused 0
Receiving objects: 100% (3660/3660), 2.97 MiB | 653.00 KiB/s, done.
Resolving deltas: 100% (36/36), done.
From https://github.com/Homebrew/homebrew
 * [new branch]      master     -> origin/master
Checking out files: 100% (3663/3663), done.
HEAD is now at af61c2c mapnik: update 3.0.0 bottle.
==> Installation successful!
==> Next steps
Run `brew help` to get started
Christophers-MacBook-Pro:~ chaupt$
```

图 1-17

成功安装 Homebrew。

如果你只是刚刚听说 Mac OS X 上的命令程序，你可能对使用 sudo 并不熟悉。Sudo 是一种给程序赋予临时许可的方法，它让程序临时拥有管理员权限。Homebrew 需要这个许可才能配置需要目录和软件来完成它的工作。Homebrew 的安装程序被几千人使用过并且对它放置软件的位置非常小心。如果你曾自己需要使用 sudo，当你输入相关命令时，你要变得格外小心。

7. 一旦完成了 Homebrew 的安装，你可以使用如下命令来检查它是否工作正常：

```
$ brew doctor
```

如果一切顺利，你应该可以看到一条消息显示：Your system is ready to brew。否则，你可能需要根据出现的指令来更新 Homebrew。

8. Homebrew 的目的是让安装底层软件变得更加简单。现在，安装一些你将来可能会需要的库代码：

```
$ brew install sdl2 libogg libvorbis
```

按下回车键，在Homebrew安装软件的过程中你会看到一系列进度报告（见图1-18）。

```
chaupt — bash — 79×24
Christophers-MacBook-Pro:~ chaupt$ brew install sdl2 libogg libvorbis
==> Downloading https://homebrew.bintray.com/bottles/sdl2-2.0.3.yosemite.bottle
Already downloaded: /Library/Caches/Homebrew/sdl2-2.0.3.yosemite.bottle.1.tar.g
z
==> Pouring sdl2-2.0.3.yosemite.bottle.1.tar.gz
🍺 /usr/local/Cellar/sdl2/2.0.3: 75 files, 3.9M
==> Downloading https://homebrew.bintray.com/bottles/libogg-1.3.2.yosemite.bott
Already downloaded: /Library/Caches/Homebrew/libogg-1.3.2.yosemite.bottle.tar.g
z
==> Pouring libogg-1.3.2.yosemite.bottle.tar.gz
🍺 /usr/local/Cellar/libogg/1.3.2: 95 files, 672K
==> Downloading https://homebrew.bintray.com/bottles/libvorbis-1.3.5.yosemite.b
Already downloaded: /Library/Caches/Homebrew/libvorbis-1.3.5.yosemite.bottle.ta
r.gz
==> Pouring libvorbis-1.3.5.yosemite.bottle.tar.gz
🍺 /usr/local/Cellar/libvorbis/1.3.5: 155 files, 2.6M
Christophers-MacBook-Pro:~ chaupt$
```

图 1-18

Homebrew 安装必要的库。

9. 现在，你可以安装 Gosu gem，你会在本书接下来的项目中用到它。输入如下命令：

```
$ sudo gem install gosu
```

Ruby 会安装这个 gem，并且会提供一个确认消息（见图 1-19）。

```
chaupt — bash — 79×24
Christophers-MacBook-Pro:~ chaupt$ sudo gem install gosu
Password:
Fetching: gosu-0.9.2.gem (100%)
Building native extensions.  This could take a while...
Successfully installed gosu-0.9.2
Parsing documentation for gosu-0.9.2
Installing ri documentation for gosu-0.9.2
1 gem installed
Christophers-MacBook-Pro:~ chaupt$
```

图 1-19

成功完成 Gem 安装。

你需要在这里使用 sudo 指令，因为当你安装一个 Ruby gem 的时候，这个 gem 会被整个系统使用。记住，在输入命令的时候要保持谨慎——因为当你使用 sudo 程序时，你就赋予了它一个特殊的权限。

你已经成功地完成了 Ruby 和它附带的开发者软件的安装，现在你需要一个程序编辑器。

1. 在你的浏览器里访问 www.atom.io。

2. 点击 Download for Mac 按钮（见图 1-20）。

Atom 是免费的功能十分强大的代码编辑器，你可以用它来编写很多不同的计算机语言，其中包括 Ruby。

根据你的浏览器设置，你下载的 Atom 会被自动解压或者一个压缩文件会被放置在 Downloads 文件夹里。

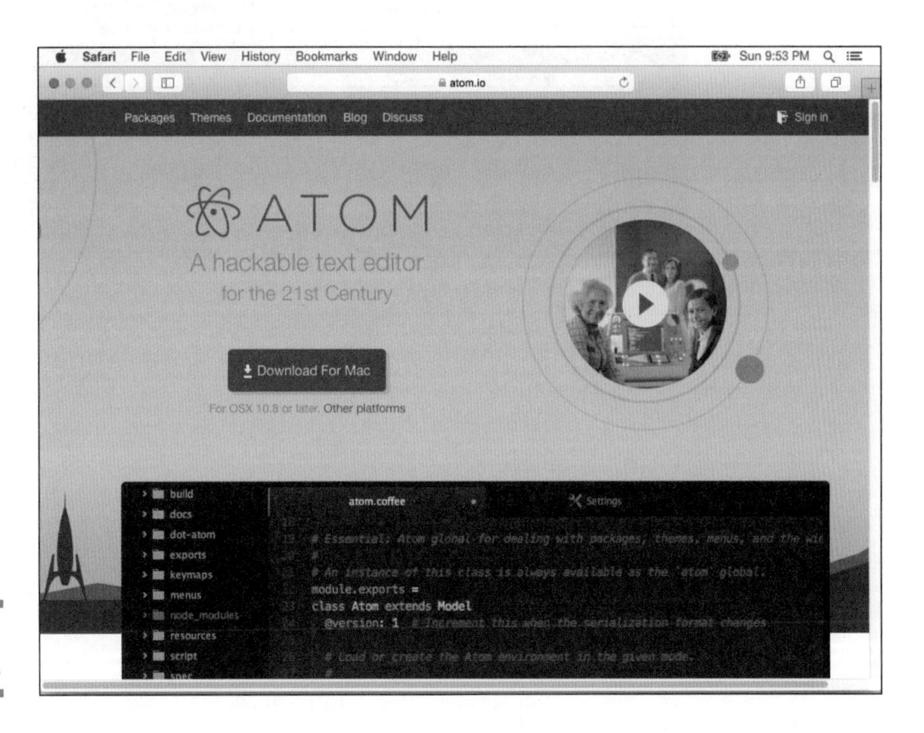

图 1-20

Atom 编辑器 Mac 版主页。

3. 将 Atom 图标拖到 Applications 文件夹里。

如果你看到的是一个压缩文件而不是一个 Atom 图标，你需要双击这个压缩文件并手动解压它。

4. 双击 Applications 文件夹里的 Atom 图标，打开编辑器。

你应该可以看到 Atom 的欢迎界面（见图 1-21）。你已经开始使用 Ruby 编程了！

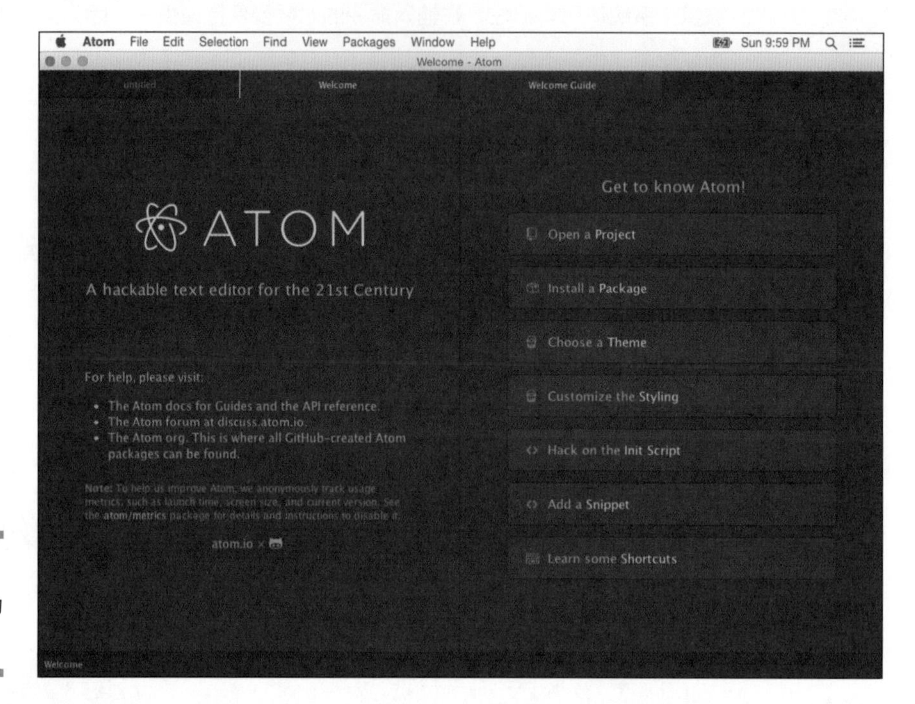

图 1-21

Atom 编辑器 Mac 版的欢迎界面。

项目二
大数字

当你完成 Ruby 安装后，你的电脑中会出现很多新工具。随着时间的推移，在你学习编程的过程中，将会使用到其中的大部分。在本项目中，我会向你展示如何使用终端程序和交互式 Ruby 做一些简单的实验并尝试一些新的事物。

你将会从头开始，然后尝试让计算机做一些基本的事情，例如，处理数字、进行简单的数学运算或者使用变量把结果存储到计算机的内存里。

你可能从来没想过 Ruby 可以作为一个计算器用来处理巨大的数字，是吗?

```
project02 — ruby — 86×27
irb(main):005:0> googol = 10**100
=> 10000000000000000000000000000000000000000000000000000000000000000000000000000000000
000000000000000000
irb(main):006:0> 20000000000 * 300000000 + 2
=> 6000000000000000002
irb(main):007:0>
```

开启交互式 Ruby

这个项目都会在你的终端（或命令行）里完成，并且使用交互式 Ruby（即 IRB 或 irb）。在本书中，我推荐使用首字母大写的单词如 Ruby 来表示名字；用小写字母如 ruby 来

表示 Ruby 命令。例如我使用 IRB 命名我的程序，使用 irb 表示命令。

为了做好准备，你需要找到你的终端程序（Mac 系统）或打开 Ruby 的快捷方式（Windows 上）。在完成这一步后，接下来的事情就一样了。

记住比较好

我使用单词 terminal 代表终端或命令行程序，不管是在 Mac 还是 Windows 上。

在命令行提示符中，输入 irb 命令然后按下 Return 键（Mac）或 Enter 键（Windows）：

```
$ irb
```

或

```
C:/> irb
```

如果是 Windows 的话，

现在你可以看到一个 irb 提示符：

```
$ irb
2.2.2 :001 >
```

提示符可能会有些许的区别，这取决于你的 Ruby 的版本。在我这里，它表示当前的 Ruby 版本是 2.2.2 以及我当前输入的命令行号（ 当你第一次打开 IRB 时，你从第 001 条命令开始）。当我在本书中向你展示 IRB 命令时，我的版本和计数与你的可能不一样，但这是没问题的。

现在 IRB 程序正在等待你的命令，但在开始之前，允许我向你说明如何离开 IRB。最简单的方法就是输入 exit 然后回车，或者按下 Ctrl+D 组合键。你会从 IRB 中弹出并回到你的终端提示符。

现在回到 IRB 环境，接着阅读下面的章节。

新建一个开发文件夹

虽然在本项目中你不需要保存任何文件，但我仍然推荐你在你的硬盘上开辟一部分空间来存储你的工作内容。程序员称这些空间为 directories（目录），但是你可以把它们理解为 folders（文件夹）。在本书中，我可能会交替使用这两个词。

在本书中的每个项目里，我都会描述如何初始化设置你的目录和文件，这个过程在 Mac 和 Windows 上是差不多的。我会向你展示在终端中需要使用的命令。

首先，我建议你新建一个开发目录来保存你所有的项目：

```
$ mkdir development
```

这个新的开发目录会被建立在你当前的目录下。记住你的提示符可能在 Windows 上看起来不太一样，而且它通常会显示你的当前目录。然后在这个目录里，新建一个用于当前章节项目的目录：

```
$ cd development
$ mkdir project02
$ cd project02
```

这里，我将目录切换到了 development 目录里面，然后新建了一个新的项目目录（命名为 project02，因为你正在阅读项目二章节里的项目），接着我切换到项目目录里。

记住：如果你忘记了自己所处的位置，可以使用 cd 命令来回到最上层的目录，然后重新切换目录：

```
$ cd
```

你可能会需要使用下面这个命令来回到上一层目录，即当前目录的父目录：

```
$ cd ..
```

输入数字

当你启动了 IRB 后，Ruby 正处于等待任务的状态。我会先做一些非常简单的事。

输入数字 1 然后回车。

```
2.2.2 :001> 1
=> 1
2.2.2 :002 >
```

Ruby 做了什么？它通过打印了数字 1 向你表示它正处于侦听状态。=> 提示符是 Ruby 要显示某种结果的信号。在完成了这项任务后，Ruby 会向你展示一个新的提示符，然后等待你下一条命令。在接下来的例子里，我不会再向你展示这个新的提示符，但你会一直在你的屏幕上看到它。

尝试输入一些更多的数字，你会发现 Ruby 会一直回传你的输入值。好了，很快你就会觉得这很无聊，那我们继续吧。

做一些简单的数学运算

Ruby 拥有大量有用的内置能力。随着你不断阅读本书，你会用到它的很多种能力，其中一个基本能力就是做一些简单的数学运算。

在 irb 提示符后输入 2+2 然后回车：

```
2.2.2 :010 > 2 + 2
 => 4
```

哇，Ruby 可以做一些你在幼儿园学会的数学运算！让我们再尝试一下其他的运算，包括乘法、除法和减法：

```
2.2.2 :011 > 10 * 5
 => 50
2.2.2 :012 > 10 / 5
 => 2
2.2.2 :013 > 10 - 5
 => 5
```

这里，符号可能会有些不同，但是你会获得你想要的结果。如果你想要尝试一些更复杂的内容呢？例如写一个数学公式来转华氏度为摄氏度：

```
2.2.2 :018 > (212 - 32) * 5 / 9
 => 100
```

你将华氏度 212 减去了 32，然后将得到的结果乘以 5/9。Ruby 会进行计算并得到结果：100 摄氏度，这是正确的结果。

为什么我要在公式里使用括号呢？尝试把它们去除再试一次，去吧，我等着。

Ruby 仍然会给你正确的结果吗？

答案是不，因为 Ruby 和其他程序语言一样，它会按照某个顺序处理代码。在数学运算方面，包括其他一些 Ruby 可以处理的操作符，Ruby 在运行代码时会按照某个优先级。括号会给你的程序提供一个提示，让它可以按照你想要的顺序执行你的代码。

没有括号，Ruby 会在执行加法和减法之前先执行乘法和除法，这和你想要的很不一样。Ruby 或许认为你是这样想的：

```
2.2.2 :020 > 212 - (32 * 5 / 9)
 => 195
```

程序员称这种优先级为运算次序或优先权（precedence），这确实是个精致的名字。如果你发现你的代码没有按照你所想的方式运行，你可以检查一下你当前的代码里各部分的优先级。

使用大数字，给 Ruby 一个惊喜

和口袋计算器或智能手机上的计算器不一样，Ruby 对于巨大数字处理的能力相当令人惊奇。尝试一下：

```
2.2.2 :022 > 1234567890 * 9876543210 *
    123456789987654322345678 90
 => 150534112319147377922666710346041538891241000
```

这个数字有 45 位！你可以使用指数运算符（**）来让一个数字进行指数级的增长。

```
2.2.2 :026 > 10**2
 => 100
```

你可以自己尝试一些大数字，并对它们进行一些数学运算。

如果你还没有听说过指数运算，就本章节而言，你只需要知道它是这样工作的：得到一个数字，然后让这个数字不断地和自己相乘，相乘的次数就是指数的值。因此 10**2 就是两个 10 相乘：10*10。有时，你可能会听到有人这样谈论指数：让一个数字增长到某次幂。在这个例子中，10 会被增长到二次幂。

引入内存，将结果保存到变量里

目前为止，你只是输入了一些数学公式（ 或表达式）并立刻看到了结果。这在处理小任务时是没问题的，你自己，作为一个人类可以记住这些结果然后在需要的时候再次输入它。

但是计算机不仅赋予了你计算的能力，它同时赋予了保存信息用于将来使用的能力。

你可以使用变量来命名一部分内存，然后在那部分内存里存入信息，在不久的将来，你可以再次从中获取信息。

程序员一般用数据（data）来指代它们正在处理的信息，我也会在本书中使用这个词。

在 Ruby 中，你通常使用小写字母、数组和下划线（ _ ）来命名一个变量，Ruby 期望一个变量以小写字母作为首字母，然后使用小写字母、数组和下划线组成剩余的部分。Ruby 约定使用“蛇形”式的方式来命名一个变量。“蛇形”式用下划线来分割一个变量名，这就像在一句英语语句中使用空格来分割句子一样。

这里有一些命名变量的例子：

```
hello_world_title
programmer1
blue_eyed_cat_name
b
a2
```

最后两个例子，b 和 a2 是完全有效的，但是它们是做什么的却是很神秘的。我建议你使用一些对你来说有意义的名字。在本书中，我会使用一个很长的名字来清晰地描述一个变量，我也会在合适的时候使用一些短的名字。

在接下来的项目里，我会描述一些用于命名变量的其他的符号和规则。我在这里介绍的基本命名规则适用于本地变量。在其他情况下，你可能还需要使用一些额外的符号。

为了在 Ruby 的变量里存储数据，你要用等号（=）将一个数据“指派”给一个变量。

```
2.2.2 :029 > age_of_my_dog = 4
 => 4
```

和数学课里的内容不同，等号在这里不代表等式的左边和等式的右边相等（你今后会看到另一个用来描述这种情况的符号）。相反的，将这个等号理解成“将右侧的数据移动到以左侧变量命名的内存中”。

为了从变量中取回数据，你可以直接使用变量的名字，就好像是在使用数据一样：

```
2.2.2 :030 > age_of_my_dog * 7
 => 28
```

你可以将计算的结果存储到一个新的变量里：

```
2.2.2 :031 > dogs_age_in_people_years = age_of_my_
    dog * 7
 => 28
```

Ruby 对变量的命名是相当慷慨的，几乎所有的名字都可以。为数不多的一个规则是变量名不能和 Ruby 内置的一些用于指令的名字冲突。下面是一个清单，如果你不小心使用了它们中的一个，将会得到一个句法错误，这会在下一个章节里解释。

```
BEGIN        do        next      then
END          else      nil       true
alias        elsif     not       undef
and          end       or        unless
begin        ensure    redo      until
break        false     rescue    when
case         for       retry     while
class        if        return    while
def          in        self      __FILE__
defined?     module    super     __LINE__
```

用变量进行重复运算

我想要重提一下我们之前的温度转换公式。它将华氏度用变量 f 表示，这个公式是这样的：

```
c = (f - 32) * 5 / 9
```

我要指派 f 为华氏度，并把它转化为摄氏度：

```
2.2.2 :043 > f = 212
 => 212
2.2.2 :044 > c = (f - 32) * 5 / 9
 => 100
```

```
2.2.2 :045 > f = 100
 => 100
2.2.2 :046 > c = (f - 32) * 5 / 9
 => 37
2.2.2 :047 > f = 32
 => 32
2.2.2 :048 > c = (f - 32) * 5 / 9
 => 0
```

这些温度值看起来是正确的，因此我假设 Ruby 是可以进行正确的数学运算的。

注意，其实我使用了一些在书上看不出来的技巧，但是你应该在计算机上尝试一下这些技巧：在我第一次输入这个公式之后，实际上我没有在一直重复输入这个公式。相反，我利用了一个 IRB 的功能，它可以让我再现前一条命令。如果你在 IRB 中使用了向上和向下的箭头键，IRB 会展示之前的（或之后的）命令。你可以使用向左和向右的箭头来对命令做一些小的修改，然后可以简单地再次按下回车键来执行这个命令，可以节省很多打字的时间。

在出现问题时进行修正

当你尝试让 Ruby 打印一个古戈尔普勒克斯（googolplex）时会发生什么?

古戈尔（googol）是一个有趣的术语，它代表了将 10 增长到 100 次幂。一个古戈尔普勒克斯（googolplex）是 1 后面跟着一个古戈尔（10^{100}）个 0。据说，美国数学家爱德华卡斯纳 9 岁的侄子米尔顿•西罗蒂创造了这个词，并把它定义为"1，然后在后面写 0，直到写不动为止"。

在 IRB 中，将一个古戈尔存储到一个名为 googol 的变量中：

```
2.2.2 :030 > googol = 10**100
=> 1000000000000000000000000000000000000000000000000
   000000000000000000000000000000000000000000000000
   00000
```

现在，尝试将 10 增长到一个古戈尔级数：

```
2.2.2 :031 > 10**googol
(irb):31: warning: in a**b, b may be too big
 => Infinity
```

我想，Ruby 的数学能力还是有极限的！这里，Ruby 向你展示了一个警告说你刚输入的命令没有工作是因为某个部分的计算太大了。它将结果表示为 Infinity，对我来说，这是一个正确的结果。

Ruby 在你的程序的某一部分出现问题或偏离期望值时，会尝试帮助你。Ruby 会打印一条警告或错误消息，其通常包含它在你的代码中找到的问题的位置信息。

例如，如果我不小心在做简单计算时输错了一些内容，Ruby 将会告诉我，我有一个语法错误。

语法规则（syntax）就像是英语中的语法。一个程序语言的语法规则包含结构、顺序和该语言的命令和语句的拼写。

如果我有意造成一个拼写错误：

```
2.2.2 :036 > 3j + 3
SyntaxError: (irb):36: syntax error, unexpected
        tIDENTIFIER, expecting end-of-input
3j + 3
  ^
     from /usr/bin/irb:11:in '<main>'
```

我并不想在数字 3 后面输入字母 j，和你在学校的代数课里学的不同，这种语法在 Ruby 中并不是有效的。

Ruby 打印了一条有点晦涩难懂的错误信息，但是如果你看到了 SyntaxError 和一个代码行号或位置，那是它向你提供了一个可以开始检查哪里有问题的位置。在这个例子中，Ruby 用一个小箭头指向了它认为导致错误的位置。谢谢你，Ruby！

让我们看看 Ruby 能否为我们找到另一个错误：

```
2.2.2 :037 > x + 5
NameError: undefined local variable or method 'x'
      for main:Object
      from (irb):37
      from /usr/bin/irb:11:in '<main>'
```

在这个例子中，我尝试使用了一个我没有存储过任何内容的变量。Ruby 不知道要怎么办，因为他不能找到一个名为 x 的变量（暂时）。如果你打错变量的名字（或者方法名，你会在将来的项目中学到它），你会经常看到这个错误。检查你的拼写然后再试一次。

另一个常见的 Ruby 错误可以从下面的代码中看出来：

```
2.2.2 :038 > x = nil
 => nil
2.2.2 :039 > x + 5
NoMethodError: undefined method '+' for nil:NilClass
     from (irb):39
     from /usr/bin/irb:11:in '<main>'
```

我还没有解释过 nil，但是你可以把它理解为 Ruby 用来表示“空”的方式。Ruby 打印的这个错误消息表示了 Ruby 不知道怎么对 nil 进行加法，这是合理的。在你的代码里，这可能意味着你希望从程序的其他部分获取一个结果，但是代码却返回了空。

最后一个你偶尔会看到的问题会出现在当你尝试使用不兼容的数据的时候：

```
2.2.2 :040 > x = "a"
 => "a"
2.2.2 :041 > x + 5
TypeError: no implicit conversion of Fixnum into
    String
    from (irb):41:in '+'
    from (irb):41
    from /usr/bin/irb:11:in '<main>'
```

我把字母 a 指派给变量 x。你会在下一个项目里学到字符串和字母。这里我尝试把数字 5 加给字母 a，显然这是没有意义的，Ruby 也是这么认为的，它告诉我它不能找到一个方法来转化数据格式让程序继续工作。

随着学习本书中的课程，你可能会经常遇到语法规则错误，因为打错字是最容易造成错误的方式。当你看到一条错误消息时，你最好的行动是将你输入的内容小心地和项目的代码作一下比较。

尝试做一些实验

在本项目中，你已经认识了了一些基本的 Ruby 操作以及如何使用 IRB 来测试 Ruby 代码。你应该学会了如何让 Ruby 做数学运算以及运用变量来存储和读取数据。不管你相不相信，这些都是组成现代编程的基本模块。我会在接下来的项目中解释更多内容，但是处理数据（这里的数字和数学运算）和存取结果是计算机一直在做的事情。

腾出一点时间，然后尝试一些新的实验。

- 使用变量存储你所有的家人和朋友的年龄，然后把它们加在一起。大家的总年龄是多少？
- 使用 Ruby 来计算地球的周长。计算周长的公式是 2 * PI * r。Pi 是几何学和数学科学的其他领域使用的一个特殊值。Ruby 使用了一个常量（ 一个特殊值，它的值被锁定了不能修改）自动向你提供了这个值。在 IRB 中，你可以输入 Math::PI 来访问这个值。为了完成这个实验，你需要查询一下 r 的值，它代表了地球的半径。
- 把你的年龄增长到 10 次幂是多少？
- 前 10 个数字加起来是多少？（1，2，3，直到 10）
- Ruby 可以存储负数吗？小数呢？尝试用一些数学问题来确认这点。
- 尝试修改一个温度计算公式，让它可以把摄氏度转换为华氏度。

项目三
更大的 Hello World

在本项目中，你将开始使用字母和单词。程序员通常使用术语字符（character）来描述一个单字母，用术语字符串（string）描述由一个或多个字符连接起来形成的单词或其他图案。

在本项目中，你会再次使用交互式 Ruby（IRB）来学习如何在 Ruby 中处理字符串，并理解字符串和数字有什么区别。当你在构建一个程序来构造更大的 HELLO 时，你会发现它们也有一些惊人的相似点。

```
project03 — ruby — 86×27
irb(main):029:0> 0.upto(6) do |count|
irb(main):030:1*   puts "#{h[count]} #{e[count]} #{l[count]} #{l[count]} #{o[count]}"
irb(main):031:1> end
H       H EEEEEEEEE L         L            OOO
H       H E         L         L          O     O
H       H E         L         L         O       O
HHHHHHHHH EEEEEEEEE L         L         O       O
H       H E         L         L         O       O
H       H E         L         L          O     O
H       H EEEEEEEEE LLLLLLLLL LLLLLLLLL    OOO
=> 0
irb(main):032:0>
```

启动交互式 Ruby

这个项目使用 IRB 并完全会在你的终端程序里完成。步骤如下。

1. 启动你的终端程序。
2. 在提示符后面输入 irb 以让 Ruby 为本项目做好准备。

如果你不确定怎样启动你的终端程序或 IRB，可以回顾一下项目一的开始部分。

理解字母和单词与数字有什么区别

程序语言会持续追踪你可能想在程序里使用的不用类型的数据。对于每个类型的数据，该语言通常会提供一些常见的但独一无二的能力来处理这些数据。

在 Ruby 中，数字是一种数据。正如你在项目一中看到的，你可以针对数字做很多事情，包括对它们进行一些常见的数学运算。

字母，也叫字符，是 Ruby 里的另一种数据。Ruby 可以处理单独的字符或者字符集（例如单词或句子）。Ruby 和很多其他编程语言一样，称这些字符集为字符串。

字符以及包含字符的字符串，可以代表的不仅是标准的字符表（A 到 Z）。字符可以是任何你在键盘上看到的符号以及其他很多不能直接看到的符号（包括空格、制表符和其他一些特殊符号）。

这可能比较令人困惑，因为这意味着字符“3”和数字 3 看起来是完全一样的。那么 Ruby 是怎样区分它们的呢?

你可能已经发现，我在上段文字中偷偷使用了这个东西：双引号！Ruby 会在它重复的结果里记住我用的是双引号：

```
2.2.2 :004 > "3"
 => "3"
2.2.2 :005 > 3
 => 3
```

在 Ruby 中，如果我想指代一个包含很多字符的字符串，不管它们是什么，用双引号包裹它们。如果它们指代的是一个真实的数字，那么我只需要直接输入这个数字，不需要用到双引号。尝试一下：

```
2.2.2 :001 > "hello"
 => "hello"
2.2.2 :002 > "1000"
 => "1000"
2.2.2 :003 > 1000
 => 1000
```

第一条，“hello”是一个常见的英文单词，也是一个字符串。第二条，“1000”是一个代表了1000的字符串。第三条，1000是一个真实的数字。

在屏幕背后，Ruby 会追踪这些结果对象之间的区别，然后针对这些数据的类型启动一些不同类型但却是有用的特性。

在我们的程序中，我使用了英文引号（" "），如果你使用了 IRB 或者如 Atom 的程序编辑器，你应该不会有什么问题。如果你在使用字符串时出现了错误，那么你可能是使用了印刷体引号，也被称为中文引号（“”）。这可能是因为你使用了 Word 处理器（例如 Microsoft Word）来编写代码，Ruby 会对此感到困惑的。

继续，我通常使用术语对象（object）来指代某个具体的数据（例如一个数字或字符串）以及这个数据不同的行为和特性。之后，你会学到更多、更复杂的对象类型，它们可以允许你构建一个真正强大的程序。

对单词进行数学运算

在项目二中，你学到了如何对数字、数据进行基本的数学运算。其实，字符串（和单字符）同样有很多内置的能力，其中一些能力的符号看起来和数学运算十分相似。

你可以将两个字符串相加，Ruby 会把两个字符串连起来：

```
2.2.2 :006 > "hello" + "chris"
 => "hellochris"
```

Ruby 还没有聪明到在问候词和你的名字之间添加一个空格，但是你可以手动达到这个效果：

```
2.2.2 :007 > "hello " + "again chris"
 => "hello again chris"
```

程序员通常把两个字符串相加称其为串接（concatenation 或 catenation）。

如果你想要打印一个相当热情的欢迎语，可以使用乘法，这个字符串会重复你设置的次数，就像这样：

```
2.2.2 :014 > "hello " * 5
 => "hello hello hello hello hello "
```

注意，你不能把字符串和数字进行组合，因此像下面这样使用加法运算符会导致一个错误：

```
2.2.2 :015 > "hello number " + 5
TypeError: no implicit conversion of Fixnum into
```

```
String
from (irb):15:in '+'
from (irb):15
from /Users/chaupt/.rvm/rubies/ruby-2.2.2/bin/
irb:11:in '<main>'
```

现在我们知道 Ruby 会追踪数据类型，这个错误开始变得有一点意义，它被称为 TypeError（类型错误），并且它不能自动地转换数据类型。

记住比较好

在 IRB 或 Ruby 的其他地方，如果不确定一个错误消息的意思，可以回顾项目一，找到一些关于这些错误代表什么意思的提示。

利用字符串做一些其他事情

除了数学运算，字符串也拥有很多其他的内置功能。随着你对编程越来越熟悉，你可能会希望做一些更复杂的事情，而 Ruby 会一直在那里和你一起！我会在本章中向你展示一对例子。

想象一下，你想要让你的问候变得更大声。在文字版里，你可能想使用大写字母。但是如果一个变量并没有包含大写字母呢？你可以使用一个字符串函数来解决这个问题：

```
2.2.2 :031 > "Chris".upcase
 => "CHRIS"
2.2.2 :032 > name = "Chris"
 => "Chris"
2.2.2 :033 > name
 => "Chris"
2.2.2 :034 > name.upcase
 => "CHRIS"
```

为了在 Ruby 中使用某个对象的能力，你可以在对象后添加一个句号（也就是一个点）以及你想要用的那个函数的名字。这个技术可以直接应用于一个对象，如上述例子中的字符串，也可以应用于一个变量。

这里，你尝试使用了 upcase 函数，它可以在运行过程中将字符串转换为全大写字母的。

在 Ruby 中，一个对象的已经被编写好的能力或函数被称为方法（method）。当你在编写让一个对象使用方法的代码时，你就向那个对象“发送了一条消息”。我会继续在本书中使用方法和消息这两个术语。

尝试一下这个例子：

```
2.2.2 :035 > greeting = "hello there"
```

```
 => "hello there"
2.2.2 :036 > greeting.capitalize
 => "Hello there"
```

如果你忘记让问候语的首字母大写（或者你可能不确定它的首字母是否大写了，因为你是从其他地方获取这个变量的），你可以使用字符串对象的 capitalize 方法来完成这项任务。

在开始阶段，Ruby 的官方文档可能看起来有点吓人。到目前为止，你只需要了解它的存在以及它是免费的。在网络上同样存在着很多免费的资源可以帮助你拓展本书外的学习内容。Ruby 字符串的参考 (www.ruby-doc.org/core-2.2.2/String.html) 只是众多可获得的文档中的一小部分。如果你浏览一下这个页面，虽然不能全部看懂，但你可以看到很多你将来可以用到的方法。

将字符串存入变量

Ruby 允许你向变量中存入各种数据类型，字符串也不例外。

这个例子是如何把你的名字存入变量：

```
2.2.2 :016 > name = "Chris"
 => "Chris"
```

为了确认它是否被存进去了，你可以这样做：

```
2.2.2 :017 > name
 => "Chris"
```

为问候语新建一个新的变量：

```
2.2.2 :018 > greeting = "Howdy there!"
 => "Howdy there!"
```

现在使用加法来组合一个完整的欢迎消息：

```
2.2.2 :019 > greeting + " " + name
 => "Howdy there! Chris"
```

看我是怎样把 3 个字符串加到一起的。我使用了我的 greeting 变量，然后给它加了一个空格字符串，然后再加了我的 name 变量。你可以想加多少字符串就加多少字符串。

尝试一下改变相加的顺序或者加一些其他单词。你也可以组合不同的技术来获得更多有趣的结果：

```
2.2.2 :024 > greeting = "hi "
```

```
 => "hi "
2.2.2 :025 > (greeting * 5) + name
 => "hi hi hi hi hi Chris"
```

构建一些大字母

现在你已经体验过一个字符串的基本操作了，我想和你一起演练一下如何构建巨大的字母来打印出一个巨大的“Hello”消息。

我会使用一些字符串的组合来构建每个字母，当它们被打印出来时，它们会形成一个巨大的字母。这是什么意思呢？

这里有个例子。新建 4 个变量，然后小心地输入每个字符串。注意每个字符串都是 7 个字符长度，你需要计算好空格的数量。

```
2.2.2 :001 > a1 = "   A   "
 => "   A   "
2.2.2 :002 > a2 = "  A A  "
 => "  A A  "
2.2.2 :003 > a3 = " AAAAA "
 => " AAAAA "
2.2.2 :004 > a4 = "A     A"
 => "A     A"
```

程序员把由空格键或制表符键创建的空白地方称为空格（whitespace）。当这类字符被打印到纸上时，那个位置什么都不会有，你只会看到纸的颜色。

如果你斜着看，某种程度上你会看到一个字母 A。如果你把这些字符串连在一起会怎么样呢？

```
2.2.2 :006 > a1 + a2 + a3 + a4
  => "   A     A A    AAAAA A     A"
```

不，这不是我想要的。现在，这只是一个很长的奇怪的 A 的组合。你需要让每个字符串都在各自的行里被打印出来，一行接着一行。

Ruby 提供了一个特殊的字符来表示“转换到下一行”（也被称为新的一行或换行）。为了实现它，你需要使用“\n”字符。

你可以手动实现它：

```
2.2.2 :007 > a1 + "\n" + a2 + "\n" + a3 + "\n" + a4
 => "   A   \n  A A  \n AAAAA \nA     A"
```

但这并没有变好？怎么会这样？

Ruby 展示了一个字符串组合后的结果，但是它没有按照你想要的方式来打印内容。

为了让 Ruby 真正地解析特殊符号，你需要使用一个新的 Ruby 命令，它就是 puts（它是 put string 的简称）。将字符串放入一个变量中，然后使用 puts 将它打印出来。

```
2.2.2 :009 > big_a = a1 + "\n" + a2 + "\n" + a3 +
    "\n" + a4
 => "   A   \n  A A  \n AAAAA \nA     A"
2.2.2 :010 > puts big_a
   A
  A A
 AAAAA
A     A
 => nil
```

成功了！这样看起来好多了。在我们继续构建我们想要的字母之前，让我向你展示一些使用 Ruby 能让字符串编程变得更简单的方法。

一个组合单词的简单方法

你可以把你的变量和换行符组合到一起，正如你上面所做的一样，但是 Ruby 还有很多捷径可以用来合并字符串。

第一种方法拥有一个很精致的名字：字符串插值（string interpolation）。你现在不必为它担心——只需要看它是怎么组合字符串的：

```
2.2.2 :011 > big_a = "#{a1}\n#{a2}\n#{a3}\n#{a4}"
 => "   A   \n  A A  \n AAAAA \nA     A"
2.2.2 :012 > puts big_a
   A
  A A
 AAAAA
A     A
 => nil
```

除了使用加法运算符，你还可以使用双引号新建一个大字符串，然后在字符串里使用 #{}。这个特殊的符号组合意味着任何在大括号之内的变量最终都会被它们的值代替。

在本例中，你使用了变量 a1、a2、a3 和 a4，然后自动地把它们的值放到了新字符串里。因为你也包含了换行字符，所以这个结果字符串和之前用的冗长的用加法运算符得到的字符串完全一致。

为什么要使用字符串插值这种方法呢？主要是能节省打字的时间。当你阅读其他 Ruby 代码时，你会经常看到它。在本书中，当我想要在字符串中组合数据时，我几乎一直会用这个方法。

一个组合字符串的高级方法

但等会，在 Ruby 中你总能找到另一种方法来完成任务。Ruby 有一种数据类型叫数组（array），我会在接下来的项目中和你分享更多关于数组的内容。就目前而言，将一个数组想象为一个特殊的、包含很多隔间的存储盒子。你可以在每个隔间里放置不同的对象并单独地获取那些对象。

在数字和字符串之后，数组可能是你在编程中会遇到的最重要的几个常见的数据类型之一。在本书接下来的项目里，几乎每个都会用到数组。

Ruby 使用方括号来代表数组，就像这样：

```
2.2.2 :013 > big_a_array = [a1, a2, a3, a4]
 => ["   A    ", "  A A   ", " AAAAA ", "A       A"]
```

在本例中，你把数组指派给一个新的名为 big_a_array 的变量，然后单独地把 a1、a2、a3 和 a4 变量放置到数组里。

厉害的事发生在你用 puts 打印这个数组的时候，Ruby 会自动地打印出正确的结果：

```
2.2.2 :014 > puts big_a_array
   A
  A A
 AAAAA
A     A
 => nil
```

这种方法节省了更多的打字时间！

现在你已经拥有了打印一个大 HELLO 的所有工具！

构建字母 H

开始构建大字母 H 的字符串部分：

1. 新建第一个变量 h1。这次让字符串的长度为 9 个字符长度。在这一步中，两个 H 之间将会有 7 个空格：

```
2.2.2 :015 > h1 = "H       H"
 => "H       H"
```

2. 新建变量 h2 和 h3，和步骤 1 中的一样：

```
2.2.2 :017 > h2 = "H       H"
 => "H       H"
2.2.2 :018 > h3 = "H       H"
 => "H       H"
```

3. 你可以使用对象的 length 方法来检查你的变量长度是否正确，它会打印出你的字符总数：

```
2.2.2 :019 > h3.length
 => 9
```

4. 新建变量 h4，它是字母 H 的中间部分：

```
2.2.2 :020 > h4 = "HHHHHHHHH"
 => "HHHHHHHHH"
```

你有没有意识到你在完成变量 h2 和 h3 的时候重复了很多东西？字母 H 是一个有趣的字母，因为它的上下部分是一样的（我们正使用的大写版本是这样的）。

程序员一般会说这个字母的两部分是对称的（symmetric）。

你可以利用上下部分是一样的这一事实来节省一些工作量。

小贴士大用途

程序员非常喜欢避免打字！随时随地寻找规律，想方设法用你的代码来替你完成额外的工作。

5. 新建变量 h5 并把 h1 的值指派给它，因为它们看起来一样：

```
2.2.2 :021 > h5 = h1
 => "H        H"
```

6. 重复步骤 5 来完成变量 h6 和 h7：

```
2.2.2 :022 > h6 = h1
 => "H        H"
2.2.2 :023 > h7 = h1
 => "H        H"
```

7. 将所有字母的部分都放入一个数组中存起来并测试一下。用 h 作为这个数组的变量名：

```
2.2.2 :024 > h = [h1,h2,h3,h4,h5,h6,h7]
 => ["H       H", "H        H", "H        H",
    "HHHHHHHHH", "H        H", "H        H", "H
    H"]
2.2.2 :025 > puts h
H       H
H       H
H       H
HHHHHHHHH
H       H
H       H
H       H
 => nil
```

你可能会对 puts 命令最后返回的 nil 感到好奇。这说明了 puts 只是另一个方法，并且

它不返回任何内容。Ruby 使用特殊的 nil 值来代表缺失值。随着你学习更多的关于 Ruby 编程的知识，你会接触更多关于 nil 的内容。

构建字母 E

下一步就是字母 E。你可以使用一些你刚刚在字母 H 里使用的通用技术。

1. 新建第一个变量 e1，使用 9 个 E 字符代表这个字符串的总长度：

```
2.2.2 :026 > e1 = "EEEEEEEEE"
 => "EEEEEEEEE"
```

2. 新建下一个变量 e2，这个有点难办，因为作为字母 E 的垂直部分，你需要确保你计算了字母的可见部分和空白部分：

```
2.2.2 :027 > e2 = "E        "
 => "E        "
```

3. 字母 E 也是重复率很高的，它使用了一个或多个你已经建立的部分。使用你在之前的字母里学到的时间节省技术让变量 e3 和 e2 变得一样：

```
2.2.2 :028 > e3 = e2
 => "E        "
```

4. 第四个变量 e4 要用来存储字母中央的水平部分。在这个项目中，让它和顶部的部分一致：

```
2.2.2 :029 > e4 = e1
 => "EEEEEEEEE"
```

5. 该是使用更多空格的时候了，因此让接下来两个变量的值和 e2 的值一致：

```
2.2.2 :030 > e5 = e2
 => "E        "
2.2.2 :031 > e6 = e2
 => "E        "
```

6. 现在，新建 e7 用来储存字母的底部部分：

```
2.2.2 :032 > e7 = e1
 => "EEEEEEEEE"
```

7. 将单独的变量存储到一个数组中，然后将这个数组指派给变量 e。测试一下，确保它的正确性：

```
2.2.2 :034 >   e = [e1,e2,e3,e4,e5,e6,e7]
 => ["EEEEEEEEE", "E        ", "E        ",
    "EEEEEEEEE", "E        ", "E        ",
    "EEEEEEEEE"]
```

```
2.2.2 :035 > puts e
EEEEEEEEE
E
E
EEEEEEEEE
E
E
EEEEEEEEE
 => nil
```

构建字母 L

字母 L 更加简单，因为它只包含了两个不同的部分。我将给你展示一个捷径：

1. 新建第一个变量 l1(这是小写的字母 L 和一个数字 1):

```
2.2.2 :036 > l1 = "L        "
 => "L        "
```

2. 字母 L 几乎所有的部分都和我们存在 l1 中的内容一样由相同的模式构成，因此，在把它存到数组里时，你可以重复使用这个变量。另外，你可以跳过这些变量，直接来到第 7 个形状并新建变量 l7：

```
2.2.2 :037 > l7 = "LLLLLLLLL"
 => "LLLLLLLLL"
```

3. 现在，新建数组 l 并重复使用变量 l1 六次。再一次的，你节省了很多打字的时间！

```
2.2.2 :038 > l = [l1,l1,l1,l1,l1,l1,l7]
 => ["L        ", "L        ", "L        ", "L
   ", "L        ", "L        ", "LLLLLLLLL"]
```

4. 测试这个字母，确保一切都被设计得很合理：

```
2.2.2 :039 > puts l
L
L
L
L
L
L
LLLLLLLLL
 => nil
```

构建字母 O

HELLO 的最后一个字母数组是 O。字母 O 的形状和一个圆或者椭圆的形状类似，你可以在构建这个字母时利用这个对称性。

1. 为字母的顶部新建变量 o1：

```
2.2.2 :040 > o1 = "   OOO   "
 => "   OOO   "
```

2. 新建 o2：

```
2.2.2 :041 > o2 = "  O   O  "
 => "  O   O  "
```

3. 新建 o3：

```
2.2.2 :042 > o3 = " O     O "
 => " O     O "
```

4. 变量 o4 和 o5 只是重复的 o3：

```
2.2.2 :043 > o4 = o3
 => " O     O "
2.2.2 :044 > o5 = o3
 => " O     O "
```

5. 变量 o6 和 o7 分别和 o2 和 o1 对应：

```
2.2.2 :045 > o6 = o2
 => "  O   O "
2.2.2 :046 > o7 = o1
 => "   OOO   "
```

6. 新建字母 O 的数值，并测试：

```
2.2.2 :047 > o = [o1,o2,o3,o4,o5,o6,o7]
 => ["   OOO   ", "  O   O  ", " O     O ", " O
O ", " O     O ", "  O   O  ", "   OOO   "]
2.2.2 :048 > puts o
   OOO
  O   O
 O     O
 O     O
 O     O
  O   O
   OOO
 => nil
```

将这些字母组成一个单词

该是组成 HELLO 的时候了。在我脑海中的第一个想法就是仅使用 puts 来打印每个数组。puts 可以接收一系列变量，以逗号分割。

尝试打印你的字母：

```
2.2.2 :049 > puts h, e, l, l, o
H       H
H       H
H       H
```

```
HHHHHHHHH
H       H
H       H
H       H
EEEEEEEEE
E
E
EEEEEEEEE
E
E
EEEEEEEEE
L
L
L
L
L
L
LLLLLLLLL
L
L
L
L
L
L
LLLLLLLLL
   OOO
  O   O
 O     O
 O     O
 O     O
  O   O
   OOO
 => nil
```

从某种程度上来说，这就算是可以了，但是它是被垂直打印的。如果让这些字母可以水平出现会显得更友好，也可以轻易地认出这是单词 HELLO。

我将向你展示一些更高级的东西，这会充分利用我们的字母是被存储在数组里的这一事实。还记得我曾提到过数组就像充满隔间的盒子吗？那么，这就说明你可以通过隔间号来获取这些内容里的任何一处内容，就像这样：

```
2.2.2 :050 > h[0]
 => "H       H"
2.2.2 :051 > h[1]
 => "H       H"
```

这里，你可以使用方括号来包裹你的间隔号并把它置于代表数组名字的变量后面——在本例中，变量是 h。

注意，在第一个例子中我从数字 0 开始计数：h[0]。很多程序语言，包括 Ruby 都从 0

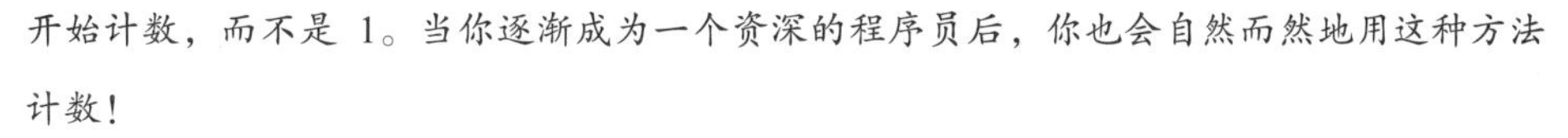

开始计数，而不是 1。当你逐渐成为一个资深的程序员后，你也会自然而然地用这种方法计数！

我把数组里不同的存储空间称为隔间 (compartments)。这并不是一个技术术语——这是用来理解它的一种方式。程序员把数组里不同的存储空间称为槽 (slots) 或单元 (cell)。在本书的剩余部分，我通常会使用槽这个术语。

按照如下步骤，水平打印这些字母：

1. 利用字符串插值组合这些字母，我们可以同时访问每个数组：

```
2.2.2 :053 > puts "#{h[0]} #{e[0]} #{l[0]} #{l[0]}
    #{o[0]}"
H       H EEEEEEEEE L         L              OOO
 => nil
```

在某种程度上，你可以看到这些字母是怎样排列的。问题是在 IRB 里，如果你在不同的行里使用 puts，这些字母行不会连在一起的。你需要某种方法，它可以让指令一次执行 7 个部分。

2. 在之后的项目中，你会使用到一个更高级的方法，它被称为循环 (looping)。循环是一种可以让你的代码重复执行一定次数的方法。在 Ruby 中有一个便利的循环方法，它可以让你调用一个数字，并把这个数字累加到另个一个数字。尝试如下代码：

```
2.2.2 :055 > 0.upto(6) do |count|
2.2.2 :056 >       puts h[count] + " " + e[count]
    + " " + l[count] + " " + l[count] + " " +
    o[count]
2.2.2 :057?>   end
```

一旦你在 end 行之后按下回车键，你应该会看到：

```
H       H EEEEEEEEE L         L           OOO
H       H E         L         L          O   O
H       H E         L         L         O     O
HHHHHHHHH EEEEEEEEE L         L         O     O
H       H E         L         L         O     O
H       H E         L         L          O   O
H       H EEEEEEEEE LLLLLLLLL LLLLLLLLL   OOO
 => 0
```

成功了！第一行：0.upto(6) do |count| 是循环开始的地方。这让 Ruby 准备从 0 开始计数，然后累加到 6 (包括 6)。随着 Ruby 计算每个数字，它会把当前的数字放置到变量 count 中。Ruby 接着执行下一行包含 puts 方法的代码。在组合所有字母部分的字符串插值的内部，它首先询问第 0 行，然后打印那一行，接着它重复额外的 6 次，

然后每次都会打印其对应的部分序列（一共 7 次）。最后的 end 行告诉 Ruby 这个循环到这里结束。

在接下来的项目中，你会体会到更多循环的强大之处！

尝试一些实验

代码可真多啊！在本项目中，你大概了解了使用字符串这个概念。当你使用字符串来组合一个基本的数组或循环时，你已经可以构建一个相当厉害的程序了。

为了帮助你练习这些新的概念，可以尝试如下实验：

- 构建可以组成你的名字的字母（或其他单词）并打印它们。
- 不要使用字符串串接符 +，尝试使用字符串插值的方法。
- 不重新输入变量的值，把每个变量里的字母都换成小写的。提示：使用字符串的 downcase 方法。

第二部分

程序员是很懒的！不要再打这么多字了！

```
project04 — bash — 80×24
About to draw a shape 10 big
using X for the edge
and o for the insider
         XX
        XooX
       XooooX
      XooooooX
     XooooooooX
    XooooooooooX
   XooooooooooooX
  XooooooooooooooX
 XooooooooooooooooX
XXXXXXXXXXXXXXXXXXXX
XXXXXXXXXXXXXXXXXXXX
XooooooooooooooooooX
XooooooooooooooooooX
XooooooooooooooooooX
XooooooooooooooooooX
XooooooooooooooooooX
XooooooooooooooooooX
XooooooooooooooooooX
XooooooooooooooooooX
XXXXXXXXXXXXXXXXXXXX
Christophers-MacBook-Pro:project04 chaupt$
```

本部分包括：

- [ ] 形状
- [ ] 简单的冒险
- [ ] 猜数字

项目四
形状

在本项目中，你将开始使用程序员的编辑器编写代码，然后通过你的终端程序开始接触编写、测试、调试软件的过程。

你将会构建一个简单的程序来生成两个几何图形，它会使用 ACSCII 码绘制图形的边框并用图案填充它。

你也会允许你的程序的使用者自定义输出结果的大小，通过这个你可以学会怎样简单地从用户那里获取输入。

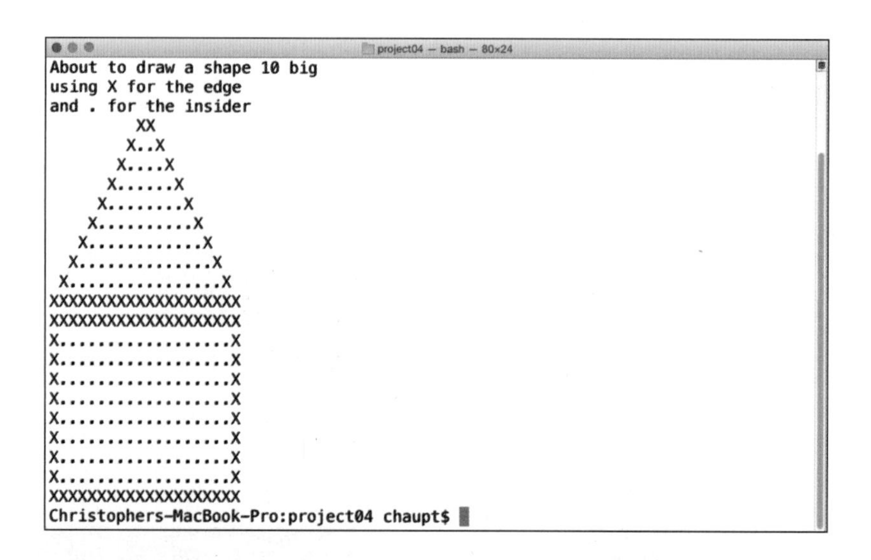

筹备一个新的项目

到这个项目为止，你一直都在使用交互式 Ruby（IRB）来编写和测试代码。使用 IRB 的一个好处就是你可以立刻知道你的代码会达到什么样的效果。这对小型 Ruby 项目是非常有帮助的，但是当你开始构建更复杂的项目时，当代码变得更长时，当你出现拼写错误时，当你只想做一些简单的修改时，IRB 就不是那么好用了 。

在本项目中，你将开始使用 Atom，它是你在项目一中安装的用于编写和储存代码到文件的程序编辑器。你会继续使用终端程序执行另一个 Ruby 指令来运行和测试你储存在文件里的代码。

在每个项目开始之前，你最好先组织好所有工作，你可以把所有工作放在一个便于查找的位置。你会在本书中不断地重复这些步骤，因此，现在就是一个熟悉终端和代码编辑器组合的好时机。

记住比较好

如果你还没有新建一个 development 文件夹，参考项目二中的“新建一个开发文件夹”中的内容来了解应该怎么做。

按照如下步骤来新建项目 4 的文件夹。

1. 启动终端程序，然后进入开发文件夹：

```
$ cd development
```

2. 为本项目新建一个目录：

```
$ mkdir project04
```

3. 切换到新的目录

```
$ cd project04
```

4. 双击 Atom 图标启动 Atom。

当 Atom 第一次被启动的时候，它会打开欢迎标签页和欢迎导航页面。在本项目中你不需要用到这些标签页。

5. 点击欢迎导航标签页，选择 File⇨Close Tab 来关闭它（ 见图 4-1）。重复这个过程来关闭欢迎标签页。

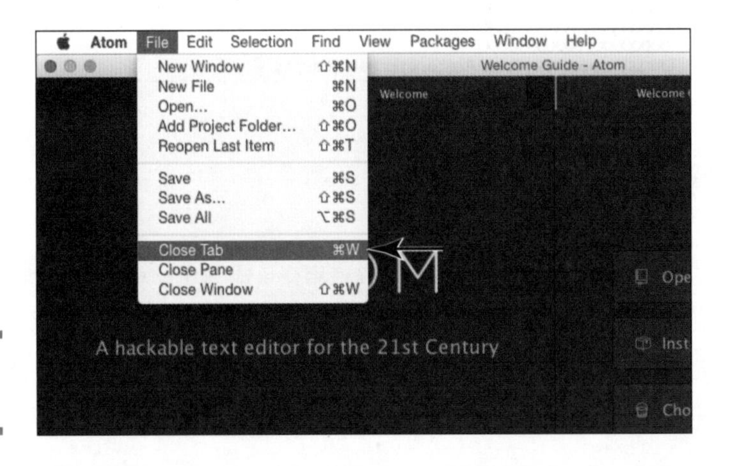

图 4-1

关闭欢迎导航页。

6. 如果你没有剩下一个名为 Untitled 的页面，选择 File⇨New File 来新建一个文档（见图 4-2）。

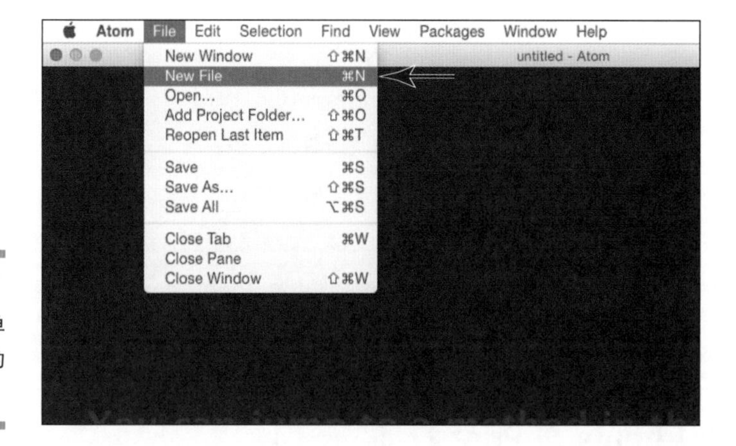

图 4-2

使用 New File 菜单选项来新建一个空的 Ruby 文件。

7. 在你开始编写任何代码之前，保存一次文件以确保它被放置在了正确的文件夹里。为了达到这个目的，你可以选择 File⇨Save。一个标准的保存对话框将会出现，切换到你的 home 目录下的 development 文件夹，然后选择 project 04 文件夹（见图 4-3）。将你的文件命名为 shapes.rb，然后点击保存。

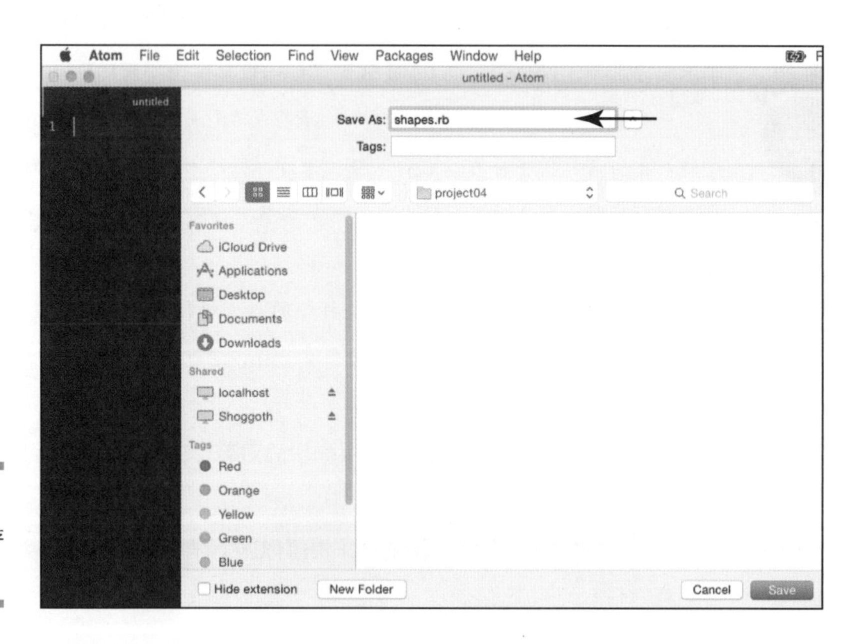

图 4-3

使用保存对话框保存你的工作。

8. 切换到你的终端程序，然后列出你 project 0 4 文件夹下的所有文件。在 Mac 上，这条命令是：

```
$ ls
```

在 Windows 上，这条命令是：

```
C:\Users\chris\development\project04> dir
```

你的 Mac 或者 Windows 上的提示符可能和我的提示符看起来不太一样。只要你输入了正确的命令，这种差别就不会有什么问题。

你应该可以看到 shapes.rb 文件。如果没看到，那你需要确保你在正确的文件目录下保存了你的文件。回到 Atom，选择 File⇨Save As，然后切换到正确的文件夹。

现在，你已经为编写代码做好准备了！

使用 puts 与 Print 打印

你要编写的第一段代码会打印一条消息，然后从用户那里收集一些输入。

当你在之前的项目里使用 IRB 时，你曾经看到了一些使用 Ruby 内建的 puts 方法的例子，它会为你打印一条字符串。在本项目里，你会使用 puts 和另一个内建的用于输出的方法：print。print 方法和 puts 方法基本一样，二者的不同之处是 puts 会自动在字符串末尾添加一个换行符，而 print 会把光标留在和字符串末尾相同的那一行。

一个换行符（有时也被称为回车、移行或者行分割符）是一个不可见的符号，它会命令终端把当前打印字符的位置向下移动一行，并移回到最左端（ 默认情况下）。换行、回车和移行实际上是 3 种不同的内容，但在本书中，我会假装它们是一样的并且使用“换行”这个术语。

终端里的光标代表了终端当前要打印的或者等待你输入的位置。在你的终端程序里，光标的位置通常是一条下划线或者一个块子符，它也可能是闪烁的。

按照如下步骤开始编写你的程序。

1. 切换到 Atom 编辑器并确保你正面对着你的新的 shapes.rb 窗口，它应该是空的。

2. 在文件的开头输入一些注释来提醒你这个程序是做什么的：

```
#
# Ruby For Kids Project 4: Shapes
```

```
# Programmed By: Chris Haupt
# Experiment with drawing ASCII art shapes using code.
#
```

注释可以作为标签、描述、解释或者笔记，它被放入你的代码供你或者其他人阅读。Ruby 不会尝试解释或运行注释。为了让 Ruby 知道某一行代码是注释，你需要在那行之前添加一个 # 号。有时，把不能工作的代码或那些你不需要但是也不想从文件中删除的代码“注释掉”是一个很有用的操作。你只需在那些你想在 Ruby 里隐藏的代码之前添加一个注释符号。

3. 向你的用户打印一条消息，它会在程序运行的时候出现：

```
puts "Welcome to Shapes"
print "How big do you want your shape? "
```

使用 gets 获得输入

形状程序会需要从程序用户那里获得一些信息。你也可以直接编写代码保持形状在程序每次被执行的时候都一样，但是这样就好玩了。

程序员称，将一个变量设置成单一值并不能被修改的行为为硬编码（hard coding）。硬编码有时是必须的，但是它们不够灵活。有一种更好的方法可以代替它：从用户那里获得输入以保持这个值是动态的（dynamic，意味着随时会发生改变）。

Ruby 提供了很多从用户那里获得输入的方法。你将在这里使用 gets。gets 方法，简单来说和 puts 相反——它不是打印内容，而是为你收集用户输入的内容。

1. 在上一节的 print 语句后面，将用户的输入存到一个名为 shape_size 的变量里：

```
print "How big do you want your shape? "
shape_size = gets
```

2. 既然已经开始了，我们可以一并从用户那里收集一些其他输入，这些输入会被用来改变 ASCII 形状里的图案：

```
print "Outside letter: "
outside_letter = gets
print "Inside letter: "
inside_letter = gets
```

3. 在开始着手绘制图案之前，增加一些额外的代码来复述用户输入的内容：

```
puts "About to draw a shape #{shape_size} big"
puts "using #{outside_letter} for the edge"
```

```
puts "and #{inside_letter} for the inside"
```

现在，你可以着手你的程序的第一个部分了。

在命令行里运行这个程序

在添加更多的代码之前，保存并运行你的程序是个很好的选择。程序员都会遵循一个共有的惯例：写代码、运行代码、测试代码、修改缺陷。如果一切都正常，再开始编写更多的代码。

如果你能养成这个习惯，你就可以自己检查自己的工作并尽可能早地发现问题。当你编写的代码出现意外的行为时，你越早检查，就越容易发现错误的地方。

1. 选择 File⇨Save，保存 shapes.rb 文件。

2. 切换到终端程序，并确保你和 shapes.rb 文件在相同的目录下。你可以使用 ls 命令（Mac）或 dir 命令（Windows）确认一下。

3. 输入以下命令来运行程序：

```
$ ruby shapes.rb
```

你应该可以先看到你编写的欢迎信息，接着你的光标会在第一个提示符那里闪烁（见图 4-4）。

```
project04 — ruby — 80×24
Christophers-MacBook-Pro:project04 chaupt$ ruby shapes.rb
Welcome to Shapes
How big do you want your shape?
```

图 4-4

形状程序正等待你输入。

如果你的程序没有正常运行或者你看到了某种错误消息，那么你需要检查你在 Atom 里的代码，确保你没有出现拼写错误。回顾项目二中关于出现问题时如何找到解决方法的章节。

“咀嚼”一下换行符

你有没有注意到输出的格式有一点奇怪？你可能期望最后的消息是3行，但它却是6行（如图所示）。发生了什么？

```
project04 — bash — 80×24
Christophers-MacBook-Pro:project04 chaupt$ ruby shapes.rb
Welcome to Shapes
How big do you want your shape? 10
Outside letter: X
Inside letter: o
About to draw a shape 10
 big
using X
 for the edge
and o
 for the insider
Christophers-MacBook-Pro:project04 chaupt$
```

你刚刚发现了一个使用 gets 方法时的副作用。当它在侦听你的输入时，会读取你输入的所有内容，所有内容！这意味着当你在最后按下回车键时，一个不可见的换行符也被读取并存入了 gets 中。那个用来储存你的数据值的变量也储存了一些你不想要的内容。

怎样避免呢？好消息就是 Ruby 拥有各种各样的有用的方法供你使用。事实上，Ruby 有一个解决这类换行问题的特殊方法，名为 chomp。chomp 是 Ruby 字符串类型数据的一个有用的方法，它会删除末尾的换行符。它是这样工作的。

1. 修改你代码中关于提示符和 gets 的部分，像这样：

```
print "How big do you want your shape? "
shape_size = gets
shape_size = shape_size.chomp
print "Outside letter: "
outside_letter = gets
outside_letter = outside_letter.chomp
print "Inside letter: "
inside_letter = gets
inside_letter = inside_letter.chomp
```

2. 选择 File⇨Save 保存修改。

3. 返回你的程序，然后将你的结果和下图中的结果进行比较。

```
project04 — bash — 80×24
Christophers-MacBook-Pro:project04 chaupt$ ruby shapes.rb
Welcome to Shapes
How big do you want your shape? 10
Outside letter: X
Inside letter: o
About to draw a shape 10 big
using X for the edge
and o for the insider
Christophers-MacBook-Pro:project04 chaupt$
```

在新的代码中，Ruby 将你的值读取到你的变量里，然后立刻修改变量的内容，去除末尾的换行符。

构建绘制矩形的代码

现在该是用 ASCII 码在屏幕上绘制一个矩形的时候了。根据程序的第一部分，你已经读取了用户关于用来绘制图像的大小和字母类型的使用偏好，但是程序绘制图案的部分是怎样运作的呢？

如果你要在纸上绘制一个被某个图案填充的矩形，你需要做些什么？首先，你需要绘制一个矩形的边框，然后你可能会给它的内部着色。

但是对于你的程序来说，和在纸上不一样，你需要由上到下地绘制你的形状，一次一行。你要如何描述该怎样做呢？像这样。

1. 使用边框图案在第一行绘制矩形的顶部。

2. 接下来的每一行都是由边和矩形的内部构成的。先绘制左边，接着是中间部分，然后是右边。

重复这个步骤直到你需要绘制矩阵的底边。

3. 采用和绘制顶边一样的方法绘制底边。

刚才描述的是一个一行一行、由上到下绘制矩形的算法。

算法（algorithm）就是一系列用来完成某个任务或计算的步骤。在本例中，你编写了一系列一行一行、由上而下绘制矩形的步骤。

矩形的第一个版本

第一个 Ruby 版本的算法和我上面写的版本的算法基本是一样的。

1. 在程序的最后一行的下方，设置两个变量让整个过程变得更容易理解。你将用用户选择的形状的大小作为你要绘制的图形的高度和宽度：

```
height = shape_size
width = shape_size
```

2. 你将一行一行地绘制这个矩形，因此你需要设置一个循环用重复执行代码（因此，这一位置你的绘制代码要执行 height 次）：

```
1.upto(height) do |row|
# Drawing code goes here
end
```

循环是用来重复执行代码多少次的一个很有用的方法（ 或者甚至是无限次）！Ruby 有几种不同的方法来编写循环。我会在后续的项目里给你展示更多。upto 方法是一个用来从一个开始计数到最终数的简单的循环方法。对于矩形来说，你需要从 1 开始为第一行计数，然后当重复 height 次后，停止计数。

3. 现在，为了让算法工作，你需要告诉程序要打印哪一行。你会有3种情况：第一行、中间的行和最后一行。在你循环的中间添加一个处理第一种情况的代码：

```
if row == 1
    puts outside_letter * width
end
```

如果变量 row 的值是 1，程序会使用 puts 来打印你选择的 outside_letter，打印 width 次（你正在重复使用你在项目三学到的技术，用一个字符串乘以一个数字）。

当你想要知道某个条件是真 (true) 或者假 (false) 时，你可以使用 if 语句。在 Ruby 中，== 符意味着："== 符号左侧的内容和右侧的内容相等吗？"如果是，Ruby 会执行接下来的代码，直到另一个条件判断或者 end 关键词。

4. 接下来，增加一个检查用来查看是否是最后一行。elsif 关键词表示另一个条件判断开始，你要把它放在之前那个 end 关键词之前。顺便一提，这不是一个拼写错误。Ruby 只是用了一个有趣的方式来表达"else if"！整个代码看起来应该像这样的：

```
if row  == 1
    puts outside_letter * width
elsif row == height
    puts outside_letter * width
end
```

5. 最后，你需要处理打印中间行的情况，因此使用 Ruby 的 else 关键词来增加最后一个条件判断。这行代码要添加在 end 关键词之前。这是整个 Ruby 代码块：

```
if row  == 1
    puts outside_letter * width
elsif row == height
    puts outside_letter * width
else
    middle = inside_letter * (width - 2)
    puts
      "#{outside_letter}#{middle}#{outside_letter}"
end
```

中间的情况看起来有点复杂，它做了些什么？好吧，根据你的算法，它需要绘制左右两边以及中间的所有内容。

middle 变量用来计算代表矩形中间部分的字符串。如果你不考虑左边和右边，那么最终 middle 的宽度应该是矩阵宽度减 2。

最后的 puts 语句使用了你之前学到的构建组合行的方法。

6. 运行你的程序，看一下有没有什么错误。你有没有出现图 4-5 里的问题？如果你看到类似 comparison of Fixnum with String failed 的错误，那么它的意思是 Ruby 不能将 shape_size 里的内容作为一个数字来处理。

```
Christophers-MacBook-Pro:project04 chaupt$ ruby shapes.rb
Welcome to Shapes
How big do you want your shape? 10
Outside letter: X
Inside letter: o
About to draw a shape 10 big
using X for the edge
and o for the insider
shapes.rb:24:in `>': comparison of Fixnum with String failed (ArgumentError)
        from shapes.rb:24:in `upto'
        from shapes.rb:24:in `<main>'
Christophers-MacBook-Pro:project04 chaupt$
```

图 4-5

Ruby 不确定怎样把字符串当作数字使用。

为什么你输入了一个数字，却会出现问题呢？好吧，gets 读取了你的输入，但是它会把所有你输入的内容读取为一个字符串。你必须要帮助 Ruby 将这个字符串转换为数字。

7. 修改你设置 heigh 和 weight 的那两行代码，使用 to_i 方法，它的作用是将这个变量的内容转换为一个整数（数字）:

```
height = shape_size.to_i
width = shape_size.to_i
```

再次运行你的代码。成功了（见图 4-6）！

```
Christophers-MacBook-Pro:project04 chaupt$ ruby shapes.rb
Welcome to Shapes
How big do you want your shape? 10
Outside letter: X
Inside letter: o
About to draw a shape 10 big
using X for the edge
and o for the insider
XXXXXXXXXX
XooooooooX
XooooooooX
XooooooooX
XooooooooX
XooooooooX
XooooooooX
XooooooooX
XooooooooX
XXXXXXXXXX
Christophers-MacBook-Pro:project04 chaupt$
```

图 4-6

这是这个世界上最令人兴奋的矩形吗？

可复用的矩形

如果你想要在一行里绘制两个矩形呢？你可以简单地复制刚才的循环代码，并粘贴好多次。或者，你也可以把你的矩形代码放到一个方法里。

方法（也被称为函数）可以让你存储并命名一段代码，之后你可以使用它很多次。你可以给方法传入不同的变量来改变它的行为。

按照如下步骤新建一个可以复用的绘制矩形的方法。

1. 首先，为我们新的矩形方法添加一个定义。将下面的代码添加到你的文件顶部、最后一行注释的下面：

```
def rectangle(height, width, outside_letter,
    inside_letter)
  # The rectangle code will go here
end
```

关键词 def 会告诉 Ruby 你要提供一个方法的定义。def 后面是方法的名字（rectangle），然后是参数的列表，也可以没有参数——每个参数都是你可以在方法内部直接使用的变量名。之后代码构成了这个方法的功能，然后用关键词 end 标识方法结束的位置。

2. 选择整个矩形绘制循环代码，选择 Edit⇨Cut，接着选择 Edit⇨Paste 将这个代码粘贴到步骤一里的方法中注释的地方：

```
def rectangle(height, width, outside_letter,
    inside_letter)
  1.upto(height) do |row|
    if row  == 1
      puts outside_letter * width
    elsif row == height
      puts outside_letter * width
    else
      middle = inside_letter * (width - 2)
      puts
    "#{outside_letter}#{middle}#{outside_letter}"
    end
  end
end
```

3. 现在你可以使用你刚刚新建的方法来绘制矩形了。为了达到这个目的，你可以调用（call）这个方法（在 Ruby 中，这也是指发送一个消息）。在你的源代码下方、在设置 width 和 height 的代码下方添加如下代码：

```
rectangle(height, width, outside_letter,
```

不开玩笑！危险！

```
    inside_letter)
```

注意，你用来作为调用参数的变量的名字不一定要和参数列表里的变量名一致。在本项目中，我仅仅是为了让代码显得简单才让它们是一样的。在之后的项目里，这两者的名字不会总是一样的。但是，变量的位置很重要，你调用一个方法时，第一个提供的值会进入第一个参数，第二个值进入第二个参数，依此类推。

4. 运行这个程序，它看起来应该又和图 4-6 一模一样。

5. 复制粘贴调用矩形方法的代码，这样你就有了两行一模一样的代码，然后再次运行这个程序，发生了什么？

将你的代码放入方法里可以让你轻易地复用你的代码，也会让修改或修正代码变得简单。想象一下，你复制粘贴了一段很长的用于绘制矩形的代码，然后两次、三次、很多很多次（尝试一下！）这样是可以的，但是如果你需要小小地修改你的代码，你必须搜寻每个版本，无论它在哪里。如果使用方法，你就仅需要修改一个地方、一次！

构建绘制三角形的代码

现在你已经了解了方法，你需要再新建一个方法来绘制一个三角形。首先，让我们想一想这可能是怎样工作的。

你将要绘制的三角形是一个等腰三角形，它们两条边长是一样的，底边会略微短一点。

和矩形不一样，矩形的每一行都可以轻易格式化，但对于三角形来说，你需要让每一行都看起来不太一样。第一行将是三角形的顶端（尖顶）;最后一行作为三角形的底边，它将使用用户指定的宽度。

我会向你展示代码。看看你是否可以推测出它是做什么的。

1. 新建一个名为 triangle 的方法，紧跟在 rectangle 方法的 end 关键词的后面。

```
# Above here is the end of the rectangle method
def triangle( height, outside_letter,
    inside_letter)
# Code for the triangle will go here
end
```

注意你将会在方法里使用 height 变量同时来描述高度和宽度。

2. 新建一个循环来重复 height 次。将这些代码放入三角形的方法里：

```
1.upto(height) do |row|
```

```
  # Drawing code goes here in the next step
  end
```

3. 对于一个三角形，在每一行里，你需要使用空格（whitespace，空白区域）来占据那些你绘制的图案覆盖不到的地方。随着行数的增加，你需要绘制的空格会逐渐变少。添加如下代码，并把它作为你的循环的第一行代码：

```
print ' ' * (height - row)
```

这里的数学表达式会随着行数的增加计算出越来越小的数字，这个数字就是空格的数量（记住，你会把顶部的行数计为 1，而底部的行数会和 height 的值相等）。

4. 接下来，你需要处理第一行的情况，它是三角形的顶部：

```
if row == 1
  puts "#{outside_letter * 2}"
end
```

步骤 4 里的代码紧跟步骤 3 里的代码。

5. 接着处理最后一行的情况，添加一个 elsif 条件判断。

```
if row == 1
    puts "#{outside_letter * 2}"
  elsif row == height
    puts outside_letter * height * 2
  end
```

我这里把整个条件语句都展示给你了。你愿意的话，可以只输入 elsif 的部分。

6. 现在，添加略微复杂的、用于处理所有中间行的代码。作为整个条件语句的最后一部分，你要使用 else 从句。整个条件语句的代码如下：

```
if row == 1
  puts "#{outside_letter * 2}"
elsif row == height
  puts outside_letter * height * 2
else
  middle = inside_letter * (row - 2)
  print
    "#{outside_letter}#{middle}#{inside_letter}"
  puts
    "#{inside_letter}#{middle}#{outside_letter}"
end
```

这个代码看起来有点奇怪。为什么要同时用到 print 和 puts 语句呢?

7. 该是打印三角形的时候了。在代码文件的最下方、调用 rectangle 方法的下面添加一行 triangle 方法的调用代码：

```
triangle( height, outside_letter, inside_letter)
```

8. 保存你的程序文件，切换到终端，然后运行这个程序。你应该可以看到如图 4-7 的内容。

```
About to draw a shape 10 big
using X for the edge
and o for the insider
XXXXXXXXXX
XooooooooX
XooooooooX
XooooooooX
XooooooooX
XooooooooX
XooooooooX
XooooooooX
XooooooooX
XXXXXXXXXX
         XX
        XooX
       XooooX
      XooooooX
     XooooooooX
    XooooooooooX
   XooooooooooooX
  XooooooooooooooX
 XooooooooooooooooX
XXXXXXXXXXXXXXXXXXXX
Christophers-MacBook-Pro:project04 chaupt$
```

图 4-7

一个矩形端“坐”在一个三角形上。

用你的两个形状绘制一个房子

通过简单地调整代码的顺序和改变调用方法的次数，你可以轻松地获得不同的最终效果。另外，通过改变你传入方法的参数的值，你也可以获得更多的形状组合。

让我们尝试绘制一个简单的房子：

1. 在你的程序内部、修改调用方法的地方，先调用 triangle 方法，再调用 rectangle 方法：

```
triangle(height, outside_letter, inside_letter)
rectangle(height, width, outside_letter,
    inside_letter)
```

2. 保存并运行你的程序，你应该可以看到类似于图 4-8 的效果。

3. 房子的主要部分和三角形的底边不一样长，因此这样看起来屋顶要掉下来了！你要怎样改进它呢？看起来矩形应该使用现在宽度的双倍大小，你也应该这样修改。将矩形的宽度乘以 2：

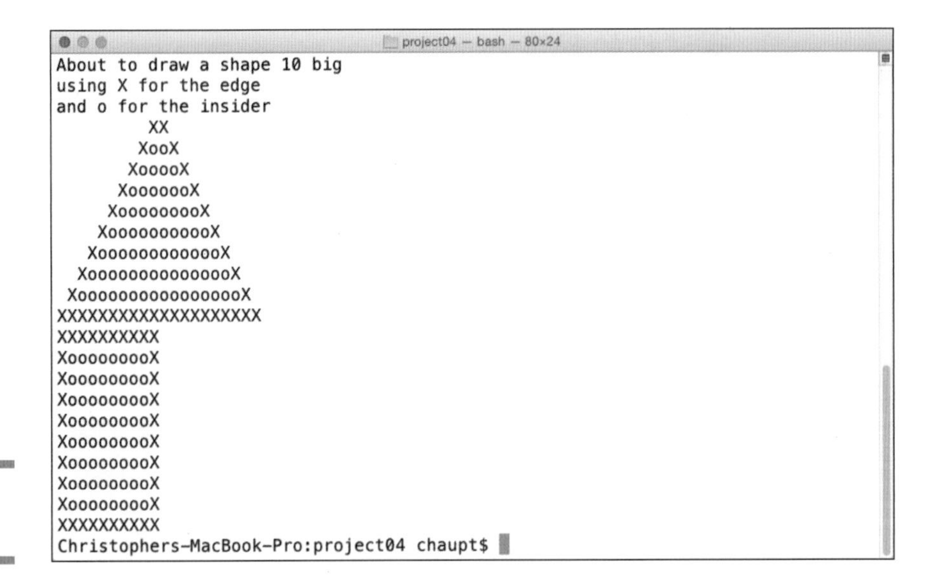

图 4-8

不像一个房子。

```
triangle(height, outside_letter, inside_letter)
rectangle(height, width * 2, outside_letter,
    inside_letter)
```

哇！你可以在方法的调用里做一些简单的数学运算。Ruby 会在调用你的方法之前先计算宽度的双倍值。

4. 保存并运行你的程序。现在的房子看起来怎么样？它应该和图 4-9 看起来差不多。

```
project04 — bash — 80×24
About to draw a shape 10 big
using X for the edge
and o for the insider
         XX
        XooX
       XooooX
      XooooooX
     XooooooooX
    XooooooooooX
   XooooooooooooX
  XooooooooooooooX
 XooooooooooooooooX
XXXXXXXXXXXXXXXXXXXX
XXXXXXXXXXXXXXXXXXXX
XooooooooooooooooooX
XooooooooooooooooooX
XooooooooooooooooooX
XooooooooooooooooooX
XooooooooooooooooooX
XooooooooooooooooooX
XooooooooooooooooooX
XooooooooooooooooooX
XXXXXXXXXXXXXXXXXXXX
Christophers-MacBook-Pro:project04 chaupt$
```

图 4-9

你的房子。

测试你的程序

当你对编程越来越习惯后，你会进入一种常规的工作节奏。首先，你会思考一下你想要解决的问题；然后你会编写一些你认为应该可以工作的代码；最后，你保存并运行程序来看看你想的是不是正确的。

这个思考、写代码、测试的循环会一次一次的出现。这也是专业程序员的工作方式。如果在测试过程中你发现了一个缺陷或者想要做一些修改，你只需要重新开始这个循环：考虑一下要怎么修改它，写代码来修改它，然后再次测试！

在未来的项目中，我会鼓励你频繁地保存你的代码，然后尝试运行这个程序，即使它还没有完全完成。当你在做这些事时，你可能会捕获到一些错误，但是在编写新代码之前早点找到问题，才是修改它们的最佳时机。

尝试一些实验

你在本项目中学会了很多新的内容。你使用了在之前的项目里学到的关于字符串的技巧，在你的工具箱里添加了更多的工具：条件、循环以及本章中的方法。这些基本的构建模块已经足够写出你能想象到的任何程序。本书中后面的项目会向你展示更多使用这些初始概念的方法，有时是作为捷径，有时是为了让编写和维护代码变得简单。

结合你的形状程序，尝试一些新的实验。

- 怎样使用循环绘制 3 个三角形，由上而下一个接着一个？
- 如果你想要绘制一个上下颠倒的三角形呢？新建一个名为 flipped_triangle 的方法，然后让它绘制一个尖顶在底部的三角形。
- 你可能已经注意到三角形的代码实际上是绘制两个背靠背的三角形。尝试编写一些代码，看看你能不能将它们分开来，只绘制其中一个（是使用你的几何学知识的时候了）。
- 你能想出一个新的形状方法吗？

项目五
简单的冒险

在本项目中，你会构建一个回合制的文字冒险游戏，并且它每次玩起来都不一样。你的玩家会被困在随机生成的洞穴里，他们要寻找宝藏，偶尔也要战胜怪物。

本项目会比你之前的项目更耗费时间，但是它会利用到你到目前为止学到的所有内容。你会获得更多将代码拆分成方法并在程序中不断复用它们的经历，你也会发现方法可以用来隐藏复杂的 Ruby 代码，让阅读你的整体代码变得很容易。

```
project05 — bash — 80×24
Room number 5
You are in a small green tomb. There is an exit on the east wall.
What do you do? (m - move, s - search): s
You look, but don't find anything.

Room number 5
You are in a small green tomb. There is an exit on the east wall.
Oh no! An evil monster is in here with you!
What do you do? (m - move, s - search, f - fight): s
You found an enchanted sword!

Room number 5
You are in a small green tomb. There is an exit on the east wall.
Oh no! An evil monster is in here with you!
What do you do? (m - move, s - search, f - fight): m

Room number 6
You are in a tiny blue cave. There is an exit on the east wall.
What do you do? (m - move, s - search): m

You escaped!
You explored 7 rooms
and found 2 treasures.
Christophers-MacBook-Pro:project05 chaupt$
```

筹备一个新的项目

在本项目中，你将继续使用 Atom 来新建和编辑你的源文件。你会用终端程序来运行和体验这个冒险游戏。

项目五会被存储在单个的 Ruby 文件里。

如果你还没有新建一个 development 文件夹，参考项目二中的“新建一个开发文件夹”中的内容来了解要怎么做。

1. 启动终端程序，然后进入开发文件夹：

```
$ cd development
```

2. 为本项目新建一个目录：

```
$ mkdir project05
```

3. 切换到新的目录

```
$ cd project05
```

4. 双击 Atom 图标启动 Atom。
5. 选择 File⇨New File 新建一个新的源文件。
6. 选择 File⇨Save 来保存它并把它存入到 project05 目录下，命名为 adventure.rb。

如果你对这些步骤存在疑惑，参考项目四里的“筹备一个新的项目”章节，它提供了更详细的步骤。

现在你已经为构建你的冒险游戏做好准备了。

规划项目

在你写下第一行代码之前，让我们思考一下用来构建这个冒险游戏的程序需要哪些步骤。这是一个回合制的文字冒险游戏，因此所有的内容都会在终端窗口里进行，但是到底要做些什么呢?

首先，程序需要设置用来追踪玩家的变量。对于这个游戏来说，你需要追踪玩家的生命值、玩家找到宝藏的数量、玩家处于哪个房间以及玩家有没有逃出洞穴。

这个程序需要欢迎玩家，告诉她发生了什么，也许也需要告诉她怎样玩。

在每一个回合里，程序应该：

- 检查看下玩家是否仍活着，有没有逃脱。
- 检查看下是否有怪物出现了，如果怪物出现了，根据情况让怪物和玩家战斗。
- 允许玩家寻找宝藏。
- 让玩家离开当前房间并进入另一个房间。

程序应该：

- 确保不同的房间有独一无二的描述信息。
- 知道如何随机决定是否出现怪物。
- 随机决定玩家是否能找到宝藏。

当玩家遭受了过多的伤害或者逃出了洞穴，程序应该打印出对应的最终信息。

哇！这是一项大工程！在本项目中，你将把这项工程分裂成一小份、一小份的 Ruby 代码，你会发现要构建一个内容如此丰富的游戏实际上是不太难的。

现在该是开始新建一些代码的时候了！

考虑程序的框架

你要做的第一件事就是新建一些程序的主要部分用来管理整个游戏。之后，你要将它们都填满代码，这些代码会创建你之前规划的厉害的特性。

1. 在 Atom 中，在 adventure.rb Ruby 文件的开头添加一小段注释用来描述项目是做什么的：

```
#
# Ruby For Kids Project 5: Simple Adventure
# Programmed By: Chris Haupt
# A random text adventure game.
#
```

2. 接着，设置一些初始的变量值，你将用它们来运行这个游戏。

我会在使用它们的时候逐一介绍这些变量，但它们大多应该都是自解释的：

```
number_of_rooms_explored  = 1
treasure_count            = 0
damage_points             = 5
escaped                   = false
monster                   = false
current_room              = ""
```

3. 编写用来向玩家介绍游戏的代码，然后把它放在注释的下方：

```
puts "You are trapped in the dungeon. Collect
    treasure and try to escape"
puts "before an evil monster gets you!"
puts "To play, type one of the command choices on
    each turn."
puts ""
```

当这本书被印刷的时候，某些代码行会回绕，以至于它们看起来像两行。你应该在你

的代码编辑器里将你在这里看到的或其他地方看到的字符串调整到一行。

4. 你将会使用一个特殊的循环来运行游戏的主要部分，因此就暂时而言，为这些代码增加一行占位用的代码——你会在之后补充细节。

```
while damage_points > 0 and not escaped do
      # Game code will go here
end
```

这个循环本身是一个 while 循环。这个 while 循环使用了一个和 if 语句使用的非常相似条件。只要这个条件为真，这个循环就会一直执行。在本代码里，你会检查玩家的 damage_points 变量是否大于零（他还活着）并且他有没有逃出洞穴（escaped 变量被设置为假）。

5. 编写一个代码用来打印游戏的最终结果，玩家要么逃跑了，要么死了。将这些代码紧贴在 while 循环 end 关键词的后面。

```
if damage_points > 0
  puts "You escaped!"
  puts "You explored #{number_of_rooms_explored} rooms"
  puts "and found #{treasure_count} treasures."
else
  puts "OH NO! You didn't make it out!"
  puts "You explored #{number_of_rooms_explored} rooms"
  puts "before meeting your doom."
end
```

这个代码的条件用来为玩家从两个最终消息里选择一个。如果这个玩家仍然是健康的（damage_points 变量大于零），那么这个玩家肯定逃出去了，因此你需要打印一条胜利的消息。如果这个玩家的伤害小于或等于零，这说明他的结局不是很好。

6. 现在是一个测试你的代码看看发生什么了的好时机，你可能会找到一两个拼写错误。保存这个程序，并切换终端运行这个项目：

```
$ ruby adventure.rb
```

发生什么了？出现错误了吗？如果出现了，检查是不是打错字了，同时使用之前章节里提到的关于调试的提示。你的程序是不是在打印为初始信息就停住了？（即使你尝试输入些什么）我的程序就是这样的。为什么？按下 Ctrl+C 强制退出这个项目（见图 5-1）。

你刚才发现的情况被称为无限循环，这类代码会持续不断地重复执行自己，永远不会结束。在你当前代码的情况下，while 循环会持续检查两部分条件里是不是有一个被设置为假了。因为你还没有编写用来修改这些变量的代码，所以 Ruby 只会永远进行尝试。

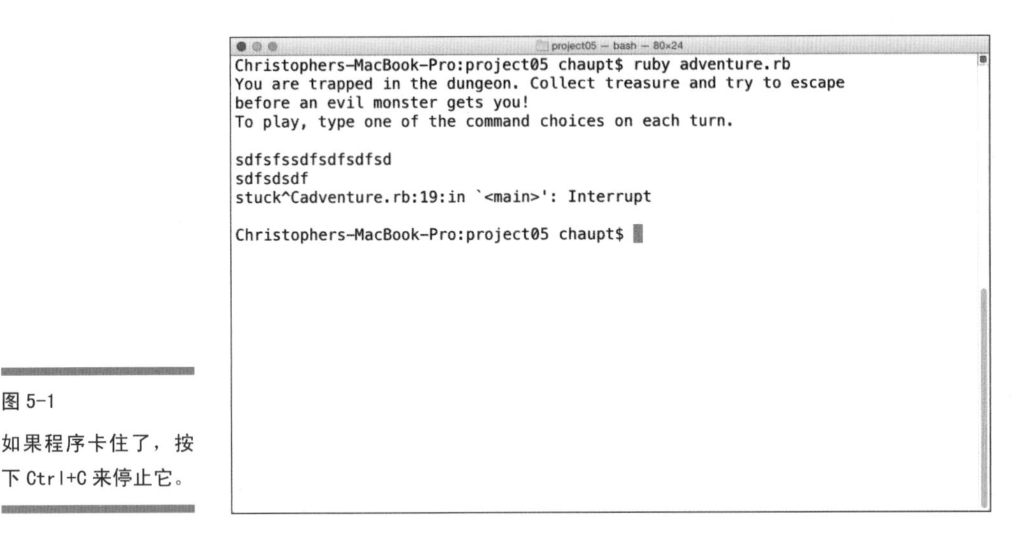

图 5-1

如果程序卡住了，按下 Ctrl+C 来停止它。

构建主游戏循环

对于冒险项目来说，你需要从构建主游戏循环开始，它是游戏的规则，输入和输出所在的地方。然后你需要新建一些小的方法来实现你需要运行的这个游戏的功能。你编程的时候可以当作这些方法已经存在，之后再用 Ruby 来填充这些不存在的功能。

实现一个复杂的项目可以有很多编写代码的方法。最常见的两种是由上而下（top-down）和由下而上（bottom-up）编程。在本项目中，你从顶部开始，首先构建了一个大的概念，然后假设一些你以后会补充的底层的方法。你也可以先编写底层的、简单的方法，然后使用这些方法来向上构建更大的部分，后者就是由下而上开发。

构建房间描述和行为

首先，你需要让玩家知道某一回合里发生了什么并描述玩家可以做些什么。

1. 在每个回合里，玩家都将会面对一系列在本回合中可以做的选择。你将会使用 actions 变量把这些选择存入一个数组中，并在每次运行游戏引擎循环时重置这个数组。你将使用 actions 数组在短时间内为玩家建立一个小菜单。将如下代码添加到 while 循环里：

```
actions = ["m - move", "s - search"]
```

2. 打印出玩家当前所在的房间号，可以使用你存在 number_of_romms_explored

里的变量里值来计数：

```
puts "Room number #{number_of_rooms_explored}"
```

3. 你将使用一个你之后才会编写的方法在洞穴中生成一个房间。就暂时而言，你只需要打印一个你之前设置的空变量：

```
puts current_room
```

4. 现在，检查一下这个房间里是否存在怪物，如果存在，打印一个消息并为玩家添加另一个行为（和怪物战斗的能力！）：

```
if monster
  puts "Oh no! An evil monster is in here with you!"
    actions << "f - fight"
end
```

5. 最后，打印玩家的行为菜单，因此她可以知道她可以做哪些事：

```
print "What do you do? (#{actions.join(', ')}): "
```

这个菜单将是你询问玩家指令前，玩家看到的最后的内容。print 语句会将光标留在同一行，然后展示一个小巧的菜单提醒玩家她的选择。

你正在使用一个非常友好的小方法，被称为join，它是由Ruby的数组对象提供给你的。join 方法会获取数组中的所有项目并使用你提供作为连接字符串的符号把它们连接成一个字符串。在本例中，数组里的所有字符串都会通过逗号被合并在一起。

不开玩笑！危险！

小心对待那个字符串里的符号，这是一个很容易打错字的地方。

6. 保存并测试你的代码。你仍会处于一个无限循环的状态，但是这次你会看到你的输出会一次又一次地出现（见图 5-2）。使用 Ctrl+C 来终止这个程序。

```
project05 — bash — 80×24
What do you do? (m - move, s - search): Room number 1
What do you do? (m - move, s - search): Room number 1
What do you do? (m - move, s - search): Room number 1
What do you do? (m - move, s - search): Room number 1
What do you do? (m - move, s - search): Room number 1
What do you do? (m - move, s - search): Room number 1
What do you do? (m - move, s - search): Room number 1
What do you do? (m - move, s - search): Room number 1
What do you do? (m - move, s - search): Room number 1
adventure.rb:27:in `write': Interrupt
	from adventure.rb:27:in `print'
	from adventure.rb:27:in `<main>'

Christophers-MacBook-Pro:project05 chaupt$
```

图 5-2

出现无数次的消息。

对玩家的行为做出回应

现在，该是获取玩家的选择命令并让游戏做出回应的时候了。

1. 使用 gets 方法来收集玩家的选择命令。然后看一下是否有怪物出现以及怪物是否会采取行动攻击玩家。继续把下面的代码放到 while 循环中，紧跟之前章节的代码：

```
player_action = gets.chomp
if monster and monster_attack?
  damage_points = damage_points - 1
  puts "OUCH, the monster bit you!"
end
```

你在这里使用 chomp 方法是因为你不想追踪 gets 方法中返回的换行符。

2. 玩家会通过输入一个字母（行为的简写）来完成她的命令。如果玩家想要离开洞穴中当前的房间，她将使用字母 M。新建一个条件来检查这一点，然后添加你将用作移动命令的代码：

```
if player_action == "m"
  current_room = create_room
  number_of_rooms_explored =  number_of_rooms_explored + 1
  monster = has_monster?
  escaped = has_escaped?
```

这么多内容，到底发生了什么 ？当玩家移动时，很多事情在同一时间发生了。首先，你需要生成一个新房间用来探险。你将使用一个你之后才会创建的名为 create_room 的方法，然后把结果保存在 current_room 变量中。接着，你要将 number_of_rooms_explored 变量的值加一。之后需要使用 has_monster? 方法检查一下新的房间里是否有怪物。最后，你也要检查一下玩家是不是偶然间找到了出口并逃脱了，这里会使用 has_escaped? 方法。

Ruby 允许你在方法名中使用？和！标点符号。通常来说，在名字中使用问号是用来作为一个提示，提醒程序员这个方法将会返回一个布尔值，它只能是真或者假。

3. 如果玩家选择搜索这个房间，她将会使用字母 S。新建一个条件以及代码用来处理搜索情况：

```
elsif player_action == "s"
  if has_treasure?
    puts "You found #{treasure}!"
    treasure_count = treasure_count + 1
```

```
  else
    puts "You look, but don't find anything."
end
# when you look for treasure,
# you might attract another monster!
if not monster
  monster = has_monster?
end
```

在这个情况中，你使用了一些你以后才会新建的新方法。首先你会检查看房间是否会有宝藏（has_treasure?）并根据这个答案打印对应的消息。不管玩家是否找到了宝藏，在房间里耗费时间来搜索都会引起新怪物的注意，因此你需要检查一下是否已经有一头怪物存在了。

你可能已经注意到一些条件语句包含关键词 not。当 not 被用在一个布尔值之前，它会反转这个值的意思。即 not true 意味着 false，反之亦然。你在本书中编写的大多数条件语句都可以被清晰地读出来，并且他们通常都是有意义的。

4. 你最后需要支持的命令是战斗命令，用字母 F 表示。现在添加一个条件语句来支持它：

```
elsif player_action == "f"
  if defeat_monster?
    monster = false
    puts "You defeated the scary monster!"
  else
    puts "You attack and MISS!!!"
end
```

这里，你使用了一个新的名为 defeat_monster? 的方法来检查玩家是否在战斗中战胜了怪物。不管是哪种情况，你都需要打印一条消息让玩家知道发生了什么。

5. 处理如果玩家输入了一个你不支持的命令的情况：

```
else
  puts "I don't know how to do that!"
end
puts ""
```

最后的 puts 一句只是用来让所有的内容看起来好看一点。

6. 再次保存并运行程序。这次，你会看到一个菜单，并真正地做点什么！当然，当你输入一个命令时，会发生什么？Ruby 会让你知道你还有一些工作要做（见图 5-3）。注意，你所见的错误消息可能会因为你在菜单中做出的选择不一样而不一样，这是没问题的。

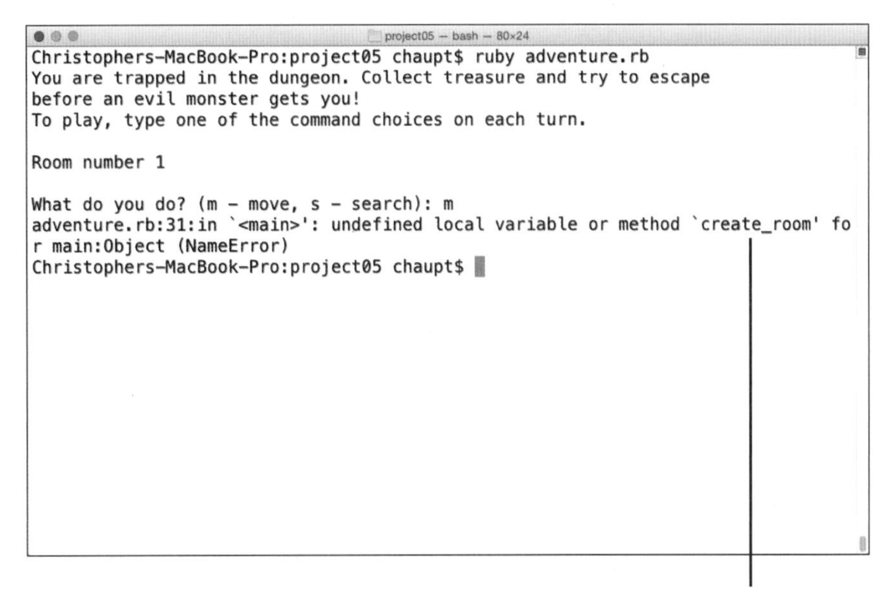

图 5-3

玩家现在可以看到一个选择菜单，但是 Ruby 打印了一条错误。

新建游戏规则方法

Ruby 在上一项目的最后处打印了一个错误，它告诉你有一个方法缺失了。你现在要通过编写这些包含游戏规则的方法开始解决这个问题。

主游戏循环代码已经是一个很长的代码段了。随着你的经验越来越丰富，通过将一些代码移到其他方法里，你可以缩小你的代码规模。

保持方法的轻巧性可以轻易地测试它们，同时只需要看看它们就能理解它们是用来做什么的。Ruby 可以允许你用各种各样的内容命名你的方法。通过选择一些能够代表你的程序语境的名字，你的代码可以和英文文章一样简单易懂。

添加移动命令需要的方法

在本节中，你需要使用 Ruby 来帮助你了解每一步都需要做些什么。

1. 再次运行程序，并选择 M（移动）行为。

你应该可以看到如图 5-3 的内容。Ruby 正在告诉你它不能找到名为 create_room 的变量或者方法。到目前为止，Ruby 不能告诉你 create_room 的意图是什么，因此它提到了两种可能性。你想让 create_room 成为可以随机生成新房间描述的方法。

将这个方法的定义添加到最上方的注释的后面：

```
def create_room
  "You are in a room. There is an exit on the wall."
end
```

这个方法会在被调用时返回这个字符串，是的，某种程度上来说这很无聊，你将在下一节中让它变得更加有趣。

在其他语言中，你通常需要明确地说出你想要方法或函数返回什么值。在 Ruby 里，你可以用关键词 return 来实现这点，但是 Ruby 也会自动把方法中最后一条语句的值返回出来，因为关于房间的描述的字符串是方法里的最后一行，它也是 Ruby 返回的内容。

2. 使用 create_room 方法来初始化玩家访问的第一个房间。修改 current_room 变量的定义，使用这个方法的值来代替原先的空字符串。

```
current_room           = create_room
```

3. 保存并测试，找出下一个需要被编写的方法。

看起来是 has_monster? 方法。

4. 在文件顶部附近，将 has_monster? 方法添加到 create_room 方法的下方：

```
def has_monster?
  if roll_dice(2, 6) >= 8
    true
  else
    false
  end
end
```

这个方法用到了另一个你需要新建才能实现它的规则的方法。Roll_dice 方法将会获取两个参数：一个是骰子的数量，一个是骰子的种类（ 有几个面）。对于这个冒险游戏来说，所有的规则都依赖于投掷虚拟的骰子。如果这两个 6 面虚拟骰子的值大于或等于 8，has_monster? 就会发现一只怪物。

5. 现在最好也新建一下 roll_dice 方法，因为你在很多地方都会用到它。

```
def roll_dice(number_of_dice, size_of_dice)
  total = 0
  1.upto(number_of_dice) do
    total = total + rand(size_of_dice) + 1
  end
  return total
end
```

这个方法看起来有点复杂，但是如果你把它分开来看，它并不难理解。你使用了一个循环用来重复投掷骰子个数次的骰子。Upto 方法就是你在之前的项目中使用的一样。新

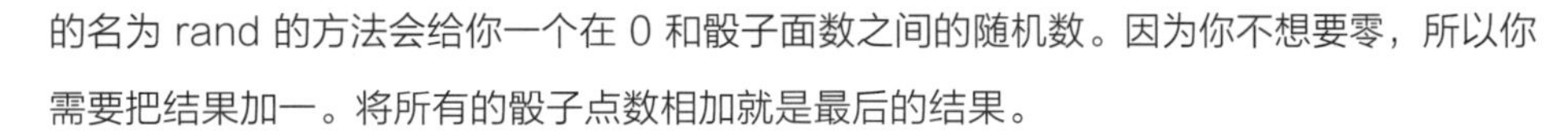

的名为 rand 的方法会给你一个在 0 和骰子面数之间的随机数。因为你不想要零，所以你需要把结果加一。将所有的骰子点数相加就是最后的结果。

作为一个例子，我在这里向你展示了 return 语句。你不需要每次都使用具体的 return 关键词，但是如果你想，你也可以这么做。

随机数在编程中是非常有用的。在你的游戏中，随机数可以模拟掷骰子。在之后的项目中，你可以接触到其他获得随机数的方法。随机可以让你的游戏每次玩的时候都不一样，因为你不能准确地预测会发生什么，这是提升趣味性的方法。

6. 你需要一个 has_escaped? 方法用于移动指令：

```
def has_escaped?
  if roll_dice(2, 6) >= 11
    true
  else
    false
  end
end
```

7. 运行游戏。

你应该可以多次按下 M 命令并可能可以通过若干个房间，但最终你会得到一个 Ruby 未定义方法的错误，见图 5-4。该是处理怪物战斗情况的时候了！

是的，你可以移动了……

```
project05 — bash — 80×24
Christophers-MacBook-Pro:project05 chaupt$ ruby adventure.rb
You are trapped in the dungeon. Collect treasure and try to escape
before an evil monster gets you!
To play, type one of the command choices on each turn.

Room number 1
You are in a room. There is an exit on the wall.
What do you do? (m - move, s - search): m

Room number 2
You are in a room. There is an exit on the wall.
Oh no! An evil monster is in here with you!
What do you do? (m - move, s - search, f - fight): m
adventure.rb:72:in `<main>': undefined method `monster_attack?' for main:Object
(NoMethodError)
Christophers-MacBook-Pro:project05 chaupt$
```

但是Ruby会告诉你它不能找到另一个方法。

图 5-4

你现在可以移动了，但是怪物会触发一个错误！

添加用于处理战斗怪物的代码

现在该是处理怪物攻击玩家和玩家反击的时候了。你将再次使用 roll_dice 方法来帮助决定这个行为的输出。

1. 添加 monster_attack? 方法用来检查怪物是否攻击玩家了：

```
def monster_attack?
  if roll_dice(2, 6) >= 9
    true
  else
    false
  end
end
```

通过设定需要的两个 6 面骰子的值为大于或等于 9，这让被怪物攻击的可能性变得很小。

2. 接着，添加一个方法用来查看玩家是否成功地打败了怪物：

```
def defeat_monster?
  if roll_dice(2, 6) >= 4
    true
  else
    false
  end
end
```

这里你让玩家击败怪兽的可能性变大，通过设定值 4 来作为需要的骰子值。

3. 再次运行程序。现在你应该可以移动（M），如果怪物出现了，你可以战斗（F）。直到你决定寻找宝藏之前，所有的内容都看起来工作正常。让我们继续。

添加寻找宝藏的代码

本冒险游戏的最后一个主要功能就是允许玩家寻找宝藏。主游戏循环还需要一个方法。

1. 现在添加 has_treasure? 方法：

```
def has_treasure?
  if roll_dice(2, 6) >= 8
    true
  else
    false
  end
end
```

2. 主游戏循环的宝藏也需要一个方法来为这个宝藏生成一个有趣的名字。增加一个名为 treasure 的方法：

```
def treasure
```

```
  ["gold coins", "gems", "a magic wand", "an enchanted sword"].sample
end
```

这里，你使用了 Ruby 提供的另一种可以进行随机选择的工具：Sample 方法和数组关联，它会随机选择数组中的一项。因为你的数组包含了描述宝藏的字符串，所以每次 treasure 方法在游戏里被调用，你都会得到一个不同的结果。这个让搜寻宝藏变得更加有趣了！

3. 再一次运行游戏。它现在应该可以完整的工作了（见图 5-5）。

```
project05 — ruby — 80×24
You are trapped in the dungeon. Collect treasure and try to escape
before an evil monster gets you!
To play, type one of the command choices on each turn.

Room number 1
You are in a room. There is an exit on the wall.
What do you do? (m - move, s - search): m

Room number 2
You are in a room. There is an exit on the wall.
Oh no! An evil monster is in here with you!
What do you do? (m - move, s - search, f - fight): s
OUCH, the monster bit you!
You found an enchanted sword!

Room number 2
You are in a room. There is an exit on the wall.
Oh no! An evil monster is in here with you!
What do you do? (m - move, s - search, f - fight): f
You defeated the scary monster!

Room number 2
You are in a room. There is an exit on the wall.
What do you do? (m - move, s - search):
```

图 5-5

一个完整的游戏（几乎是！）。

新建游戏辅助方法

技术上，这个游戏已经是完整的了，你可以测试它，通过尝试不同组合的、不同的玩家行为来寻找漏洞。

在完成基本的游戏之后，一种常见的方式就是为你的游戏添加一些修饰让它变得更有趣。通过 treasure 方法来为玩家随机选择一个名字也是一种修饰。现在你将要添加一系列方法来生成一些不是那么无聊的房间。

1. 用如下代码替换 create_room 方法：

```
def create_room
    "You are in a #{size} #{color} #{room_type}.
    There is an exit on the #{direction} wall."
end
```

这个版本使用了一些其他的辅助方法来构建一些变量。你会在之后新建这个代码。

辅助方法（helper methods）通常都是很小的代码段，它帮助程序员完成一些重复性的工作。有时这些方法也被称为工具方法（utility methods），它们被用来让程序变得整洁。

2. 添加一个 size 辅助方法来生成一个随机选择的房屋大小描述：

```
def size
  ["huge", "large", "big", "regular", "small", "tiny"].sample
end
```

3. 新建另一个辅助方法来选择颜色：

```
def color
  ["red", "blue", "green", "dark", "golden", "crystal"].sample
end
```

4. 编写一个方法来选择房间的类型：

```
def room_type
  ["cave", "treasure room", "rock cavern", "tomb", "guard
    room", "lair"].sample
end
```

5. 最后，为了有趣，编写一个方法来选择一个方向：

```
def direction
  ["north", "south", "east", "west"].sample
end
```

6. 保存并运行你的程序。

看起来怎么样（见图 5-6）？一些简单的描述就可以让你的游戏变得很有趣、玩起来每次都不一样，这是很有趣的。

更有趣了！

```
project05 — bash — 80×24
What do you do? (m - move, s - search): m

Room number 2
You are in a large crystal tomb. There is an exit on the east wall.
Oh no! An evil monster is in here with you!
What do you do? (m - move, s - search, f - fight): m

Room number 3
You are in a huge blue lair. There is an exit on the west wall.
What do you do? (m - move, s - search): s
You look, but don't find anything.

Room number 3
You are in a huge blue lair. There is an exit on the west wall.
What do you do? (m - move, s - search): m

Room number 4
You are in a tiny dark rock cavern. There is an exit on the south wall.
What do you do? (m - move, s - search): m

You escaped!
You explored 5 rooms
and found 0 treasures.
Christophers-MacBook-Pro:project05 chaupt$
```

图 5-6

一些非常有趣的房间。

尝试一些实验

你做到了！你使用 Ruby 构建了一个完整的（小型的）冒险游戏！使用你本项目中使用到的技术，你可以构建各种各样的游戏。

本项目中的冒险游戏仅仅是个开始。你还可以尝试很多实验：

- 玩家可能会在玩的时候觉得累了，因此在菜单里添加一个 quit（Q）命令，使用这个命令让主游戏循环停止运行。
- 使用不同组合的游戏规则进行游戏。如果你改变了怪物的攻击频率或者找到宝藏的难易程度，这个游戏会变得更有趣吗？或者更无趣？
- 为房间生成器添加更多的描述。
- 新建一个“怪物生成器”让怪物的描述变得更有趣。
- 想一些不同的玩家行为，用来给游戏添加更多特性。

项目六
猜数字

猜数字是很简单的，但是如果那个给你线索的人没有说实话会怎么样呢？在本项目中，你会编写代码让计算机选择一个数字，玩家要尝试在尽可能少的次数里猜出这个数字。

这个项目将介绍另一种用来组织你的代码的方法。你将会学到更多关于对象和类的内容，它们可以把数据和方法存储到一起，这可以让你更清晰地思考你要解决的问题。在猜数字游戏中，你可以简单地把程序分为玩家部分和游戏部分，让我们开始吧。

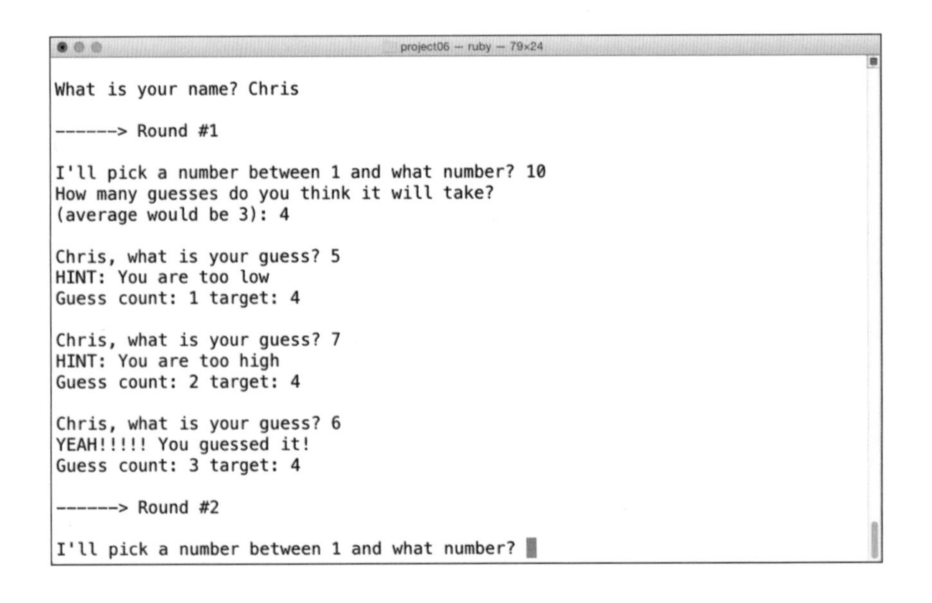

筹备一个新项目

你会使用 Aton 来新建和编辑你的源代码，你将把这个项目存入一个单个的 Ruby 文件中，你将使用终端程序来运行和体验这个猜数字游戏。

如果你还没有新建 development 文件夹，参考项目二中的指令。

按照如下步骤来配置本项目的源文件目录和文件。

1. 启动你的终端程序，然后进入开发文件夹：

```
$ cd development
```

2. 为本项目新建一个目录：

```
$ mkdir project06
```

3. 切换到新的目录：

```
$ cd project06
```

4. 双击 Atom 图标启动 Atom。

5. 选择 File⇨New File 来新建一个源代码文件。

6. 选择 File⇨Save 保存文件，然后把它们存入列 project06 目录下，命名为 guess.rb。

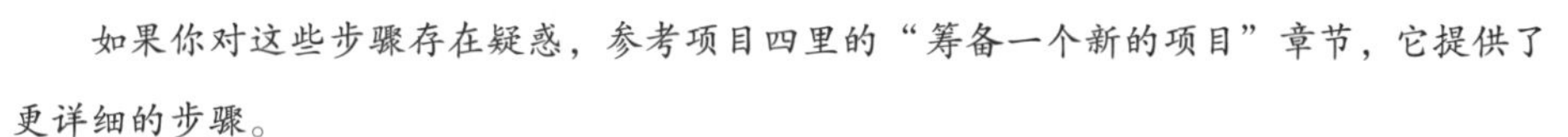

如果你对这些步骤存在疑惑，参考项目四里的“筹备一个新的项目”章节，它提供了更详细的步骤。

现在，你已经为构建猜数字游戏做好准备了。

规划这个项目

这个项目听起来很简单：猜出计算机“脑袋里”的数字。怎样让它变得有挑战性呢？当你编写这个项目代码时，我会向你展示两个新技术。你将会把工作分解为两个主要的对象：一个用来代表玩家，另一个用来代表计算机游戏引擎。对于这个游戏来说，计算机做了大部分的工作，而玩家只需要提供一些信息（例如猜的数字）给引擎。和之前的项目不一样，你会发现更多的数据和代码会被隐藏到这些对象里。

因此，整个程序应该做些什么呢？这个程序将由一些部分组成：主体程序、玩家代码以及游戏引擎代码。主体程序用于配置并使用另外两个部分来管理玩家和游戏进程以及规则。玩家对象会持续追踪它的名字、猜的内容和分数。游戏对象会管理所有的规则并告诉玩家在当前情况下可以做哪些事情。

这个程序应该要欢迎玩家，告诉他发生了什么事，也许还要告诉他怎么玩。主体程序将会配置好玩家和游戏对象，然后连接它们，这样他们就能交互了。

在每个回合里，游戏对象都应该检查一下当前的轮数或主体程序是否结束了。

在每次新一轮的开始，游戏对象都应该向玩家要一个最大数作为它要用来选择它的神秘数字的范围。同样，在每一轮的开始，游戏对象也要让玩家猜他认为他要多少次才能猜到这个神秘数字。游戏将使用这个猜测次数并在之后计算出一个分数（次数越少越好）。

游戏将会一轮一轮地运行这个游戏。在每一轮中，游戏都会让玩家进行一次猜想。游戏将会检查这个玩家的猜想是高了、低了或者正确。如果他猜中了数字，游戏会给予玩家一些分数；如果玩家没有猜到正确的数字，游戏会提供一个提示：玩家猜的是高了、还是低了。有一定的概率游戏会告诉玩家一个假的提示！

这个游戏一次会运行多个轮次。当最后一轮结束后，游戏会为玩家打印最后的分数。

对于一个如此简单的游戏，当你根据逻辑和程序的行为对它分解后，仍然有很多步骤。Ruby 会让编码尽可能得简单，但是你会有机会见识一个用来组织工作的新方法。这些新的技术会让本书之后的更高级的项目变得更容易理解和编码。

考虑程序的框架

和你之前的项目一样，你将从设置一个基本的程序框架入手，然后一步一步填充细节。因为我将教你一些简单的面向对象的编程技术，所以你的代码将会用一种新的方法来组织，它会把大多数的数据（变量）和方法放到一个叫类（class）的东西里去。一个类就像一个模板，它描述了一个对象并且允许你新建并使用它。

面向对象编程（OOP）是计算机程序员用来管理复杂软件的几种方法之一，它把软件分成不同的功能部分，以便更容易思考、规划、构建、调试和维护。当使用面向对象的思维时，你需要识别对象，就像句子里的名词（例如：狗、猫、汽车、计算机）以及对象的行为，就像句子里的动词（例如：玩、驾驶、吃、睡觉）。Ruby 是一个面向对象的编程语言，你在 Ruby 中看到的所有东西都是一个对象，你需要通过发送一条消息来让这个对象完成某件事情（例如：调用一个方法）。

开始编写程序的主要代码：

1. 进入 Atom 里的 guess.rb 文件，然后添加一个基本的注释来描述你的程序是做什么的：

```
#
# Ruby For Kids Project 6: Guessing Game
# Programmed By: Chris Haupt
# A guessing game in which the hints might not be true
#
```

2. 新建一些辅助消息来向玩家解释将要发生什么：

```
puts "Welcome to the Guessing Game"
puts "We will play #{Game::TOTAL_ROUNDS} rounds. Try to gues
s the number"
puts "I'm thinking of in the fewest guesses."
puts "You'll also estimate how many guesses it will take."
puts "If you do it in fewer guesses, you'll gain bonus points!"
puts ""
```

在欢迎消息里一个不寻常的代码就是第二行里的 TOTAL_ROUNDS 变量。Ruby 程序员约定称一个由大写字母拼写的变量为常量（constant）。常量是一种一旦被设置了就不会被改变的变量。在本项目中，这个常量保存了你想要游戏执行的轮次数（暂时是 3 次）。如果你想要改变游戏的行为，你只要简单地一次性改变常量的值，之后所有用到这个常量的地方都会自动更新。这样比搜索数字 3，然后再决定你应不应该修改它简单得多。

3. 和之前的项目不一样，在主代码里只会有很少的变量，它们主要会被用来保存你即将新建的两个对象：

```
print "What is your name? "
name    = gets.chomp
player   = Player.new(name)
game    = Game.new(player)
```

这里发生了什么？前两行对你来说应该很熟悉。你询问用户的名字，然后删减掉它的换行符。

接下来的两行有点不一样。这里你通过它们的类新建了两个需要的对象，分别是 Player 和 Game。通过调用那些类的 new 方法并传入一些参数，你告诉 Ruby 新建并设置两个不同类型的对象。你暂时不需要考虑细节——只需要知道当你看到 new 方式时，你就再告诉 Ruby 你想要一个那种类型的对象。

4. 现在，你可以编写主游戏循环的代码了，我将向你展示几个部分。在本轮结束后，大多数工作都会在你新建的对象里完成，而主代码只是用来使用那些功能并新建循环本身的：

```
while !game.done? do
  puts ""
  puts "------> Round ##{game.round}"
  puts ""
```

你从一个循环开始，然后打印一些在每轮开始时会出现的消息。

你在这使用了一个熟悉的 while 循环，但是和上次的语法规则有点不一样。你可以这样阅读第一行代码“如果游戏没有结束就继续循环”。惊叹号（!）和你之前使用的关键词 not 非常相似。我向你展示使用惊叹号的版本，这样你就能习惯使用它。

5. 循环的主要部分使用 Game 对象来“运行游戏”：

```
if game.get_high_number
  if game.get_guess_count
```

你正在使用两个不同的 if 条件语句来初始化游戏。Game 对象会询问用户它可以选择的数字的最大范围以及玩家认为需要多少次才能猜中。

这个方法将会返回真或假，取决于用户输入的正确性。如果是假，它就会失败，游戏会重新开始，直到它从玩家那获取了一个正确的输入。

6. 当玩家提供了需要的数据之后，游戏可以开始执行第一轮：

```
game.prepare_computer_number
while !game.round_done? do
  puts ""
  game.get_player_guess
  game.show_results
end
game.next_round
```

游戏会准备它的神秘数字，如果游戏还在进行，它会执行下一个循环，包括获取一个猜想、打印结果。厉害的地方是你可以很容易阅读这段代码并理解它。

为变量、对象和方法选择名字是很困难的。有些人会说这是计算机科学里最难的部分！使用一些描述性的、有含义的名字可以让你理解你的代码在做什么简单很多。

7. 最后，将丢失的 end 语句补充完整并添加关于最终游戏结果的方法调用：

```
    end
  end
end

puts ""
game.print_final_score
```

8. 保存你的代码，放手去尝试运行它。Ruby 会让你知道一些东西（　事实上很多）丢失了（见图 6-1）。

```
project06 — bash — 80×24
Christophers-MacBook-Pro:project06 chaupt$ ruby guess.rb
Welcome to the Guessing Game
guess.rb:8:in `<main>': uninitialized constant Game (NameError)
Christophers-MacBook-Pro:project06 chaupt$
```

Ruby提示你下一个需要被编写的代码。

图 6-1

嗯，Ruby 正在怀疑我们的游戏在哪儿！

新建占位类

再一次的，你将使用 Ruby 来帮你找出需要编写什么代码。你可以从最基本的着手，然后再一点一点补充。因为Ruby正在“抱怨”不知道Game类是什么，所以让我们先修改这个。

事实上，从 Ruby 处得到的消息是关于“ 未初始化的常量 Game”或类似它的内容。你可能已经注意到单词 game 是以大写字母开头的，你可能也记得我提过 Ruby 程序员使用大写字符作为常量。好吧，这说明类的名字就是常量！和让所有字母大写不同，我们一般约定将首字母大写的“单词”作为类名，例如：VeryLongClassName。

新建一个空的 Game 类

首先，我将向你展示一个空类，然后你在以后会填充它。

1. Ruby 有一个特殊的关键词用来标识一个类，它就是 class。在你的文件顶部，初始注释之后添加这些代码：

```
class Game
# Game class code goes here
end
```

2. 如果你现在保存并运行这个代码，你会发现 Ruby 不会再警告你常量 Game 丢失了，但是这次，它会不知道 TOTAL_ROUNDS 常量是什么。因此，通过在上一步的注释下添加代码来修复它（所有的类代码都会处于 class 行和 end 行之间）：

```
TOTAL_ROUNDS = 3
```

3. 现在如果你运行你的代码，你应该可以得到一个欢迎消息，它使用数字 3 作为这个游戏将要进行的轮次数。如果你在提示符后输入了你的名字，现在你会得到一个新的错误说缺少 Player 常量，这和之前的消息有点类似。

新建一个空的 Player 类

新建一个 Player 类的过程和你刚刚新建的 Game 类的过程一样。

1. 设置一个空的玩家类：

```
class Player
  # Player class code goes here
end
```

2. 保存并运行。这次 Ruby 会指出 initialize 以及它使用的参数数量有问题。这是什么情况（见图 6-2）？

```
Christophers-MacBook-Pro:project06 chaupt$ !ruby
ruby guess.rb
Welcome to the Guessing Game
We will play 3 rounds. Try to guess the number
I'm thinking of in the fewest guesses.
You'll also estimate how many guesses it will take.
If you do it in fewer guesses, you'll gain bonus points!

What is your name? Chris
guess.rb:27:in `initialize': wrong number of arguments (1 for 0) (ArgumentError)
        from guess.rb:27:in `new'
        from guess.rb:27:in `<main>'
Christophers-MacBook-Pro:project06 chaupt$
```

图 6-2

参数数量有问题？但是 intialize 又是什么？

3. 在 Player 类里开头的部分添加一个初始化方法：

```
def initialize(name)
  @name           = name
  @score          = 0
  prepare_for_new_round
end
```

你将要设置的特殊的变量被称为实例（instance）变量，这些变量的前面都有一个 @ 符号。这里你的实例变量一个代表玩家名字、一个代表玩家分数。你把传入的作为玩家名字的值赋予实例变量 @name。实例变量可以供所有你在 Player 对象里新建的方法访问。实例变量不能给类外的代码访问。

这个 initialize 方法是每次你调用 new 来新建一个新的对象时 Ruby 会调用的方法。还记得你在主程序里新建 Player 对象时传入的名字吗？那样子会自动调用 initialize 方法。Ruby 是用 initialize 来设置你的对象可能需要的内容。每个对象都有一个内置的 initialize 方法，但是默认情况下，它不接受参数。这就是为什么之前你会看到那样的错误信息。

4. Initialize 方法使用了另一个内部的方法来设置一些额外的实例变量。在 initiazlize 方法下方添加如下代码：

```
def prepare_for_new_round
  @total_guess_count   = 0
  @high_number         = 0
  @current_guess       = 0
  @current_number_of_guesses = 0
end
```

这些实例变量将会追踪用户的各种各样的数据。你可以把这些变量放入 initialize 方法中，但是我把它们放在这儿的原因是因为每次玩家进入一个新的游戏循环，你都要重置这些变量值。

5. 如果你再次保存、测试并运行你的程序，你将会发现另一个 initialize 方法缺失了，这次是 Game 对象的，因为你将玩家对象传入了它的 new 方法。注意这个错误可能和图 6-2 看起来差不多，但是行数可能会有变化。

为 Game 类添加缺失的初始化方法

要完成本节，你将会为 Game 类添加关于其初始化的代码。

1. 在 Game 类顶部附近、TOTAL_ROUNDS 常量定义之后添加如下代码：

```
def initialize(player)
  @player = player
  @round = 0
  next_round
end
```

你正在配置 Game 类里的实例变量，它们指向 Player 对象和当前的轮数。你同样调用了一个实例方法来配置一些其他的变量。

2. 使用 next_round 方法完成变量的配置：

```
def next_round
  @computers_number = 0
  @round_done = false
  @round += 1
  @player.prepare_for_new_round
end
```

这个方法初始化了一些变量用来追踪轮数并调用了一个 Player 对象的方法让它自己配置自己。

调用其他对象的方法即向那个对象发送一条消息。因此在本例中，Game 对象正在向 Player 对象发送 prepare_for_new_round 的消息，不带参数（它也不接受任何参数）。在本书中，在指一个对象和另一个对象合作时，“调用”和“发送消息”两种说法我都会使用。

有趣的 @round += 1 是一个新的内容，这是 Ruby 的一种用来将实例变量 @round 内的值加一的简单写法。它也可以被写成 @round = @round +1，但是我用的写法更加简短。程序员喜欢尽可能地减少打字的工作！

3. 保存并测试你的程序。你应该可以看到你通过了所有的设置，现在 Ruby 会告诉你它不能找到位于大 while 循环开始部分的 Game 对象里的 done? 方法（见图 6-3）。该是补充游戏规则的时候了。

```
Christophers-MacBook-Pro:project06 chaupt$ ruby guess.rb
Welcome to the Guessing Game
We will play 3 rounds. Try to guess the number
I'm thinking of in the fewest guesses.
You'll also estimate how many guesses it will take.
If you do it in fewer guesses, you'll gain bonus points!

What is your name? Chris
guess.rb:55:in `<main>': undefined method `done?' for #<Game:0x007fa21a204c70> (
NoMethodError)
Christophers-MacBook-Pro:project06 chaupt$
```

图 6-3

设置过程可以正常工作了，但是启动游戏循环需要工作。

添加玩家方法

现在你正在同时编写多个对象，你必须决定你要先给哪个对象编写代码。在你过去的项目里，你“由上而下”编写程序，先编写高层次的概念，然后慢慢地一步一步编写底层次的内容。

在猜数字游戏里，你两者都会做。你会编写主游戏循环代码以及游戏其他部分的框架。同时你也会编写你要使用的两个类的基本部分。

现在你将要着手补充 Player 类，让任何新建的 Player 对象都拥有 Game 类需要的功能。

新建玩家的读值方法

之前，我曾解释过在 Ruby 中，当你用类新建一个对象时，任何实例变量（带 @ 符号的）都会被隐藏在对象里。如果没有辅助手段，外部是不能读取或修改这些变量的。

隐藏变量听起来不是一件好事，但是事实上它们很有用。如果变量对于对象外部是不可见的，那么它就不会被意外地（或故意地）修改，从而打乱你本来的意图。程序员称它为信息隐藏（information hiding）并讨论变量的可见性（visibility）。优秀的面向对象设计旨在只暴露最少的、必要的信息，它必须是安全的并且处于你的控制之下的。

那么你怎样才能让对象之外的代码访问你的变量呢？你需要新建一个读值方法来获取数据！

1. 读值方法是非常简单的——只需要返回那个变量。在 Player 中、在 prepare_for_new_round 后面添加读取玩家名字的方法：

```
def name
  @name
end
```

2. 为分数新建一个读值方法：

```
def score
  @score
end
```

3. 为总猜测次数新建一个读值方法：

```
def total_guess_count
  @total_guess_count
end
```

4. 为玩家选择的最大值新建一个读值方法：

```
def high_number
  @high_number
end
```

5. 为玩家当前猜的值新建一个读值方法：

```
def current_guess
  @current_guess
end
```

6. 为本轮中的猜测次数新建一个读值方法：

```
def guess_count
  @current_number_of_guesses
end
```

这些方法看起来相当简单，确实也是。但是它们同时要求程序员通过发送正确的消息来获取她想要的值，而不是直接访问这个实例变量，这是十分重要的。

新建玩家设值方法

设值方法和读值方法的作用相反。在本游戏中，只有一个设值方法。

游戏可以在每轮的最后设置玩家的分数，因此你需要编写一个方法来允许这种行为：

```
def add_score(points)
  @score += points
end
```

为什么不使用 set_score 这样的名字呢？你可以，但是我相信如果称它为 add_score，你可以轻松地理解将分数增加到当前这个分数的目的。注意，你正使用简写 += 用来向 @score 的当前值增加分数。

添加玩家功能方法

一些方法也属于读值方法，但比较特殊，因此我称它们为工具方法（utility methods）。它们确实从对象中读取值，但是它们通过键盘读取这种特殊的方法。

在 Player 类中添加工具方法。

1. 编写一个方法，用来获取玩家想用游戏来选取神秘数字的最大数字范围：

```
def get_high_number
  @high_number = gets.to_i
end
```

你正使用你的老朋友：gets。方法用读取玩家的输入值 to_i 方法会立刻把输入值转换为一个数字并把它存储到 @high_number 实例变量中，因为这是这个方法的最后一行代码，它会把这个值返回给调用它的代码。

2. 新建一个类似的方法来获取玩家猜测的需要猜出这个神秘数字的次数：

```
def get_total_guess_count
  @total_guess_count = gets.to_i
end
```

3. 新建一个辅助方法来获得玩家在本轮中的猜测：

```
def get_guess
  @current_number_of_guesses += 1
  @current_guess = gets.to_i
end
```

注意，通过给 @current_number_of_guesses 实例变量加一，这里同时也追踪了玩家已经猜测的次数。

4. 保存并运行你的代码。因为你只是编写了一系列 Player 类的底层代码，程序的输出不会有什么改变。现在你需要完成你的 Game 类了。

编写 Game 类的代码

现在该是完成 Game 类的时候了。这个工作量很大，因此让我们开始吧。

确保将这些代码添加到 Game 类中。你可以从应该已经在那里的 next_round 方法后开始添加。

编写游戏类的读值方法

Game 类有一些在主程序循环里和在它自身内使用的读值方法。添加这些方法：

1. 获取当前的轮次：

```
def round
  @round
end
```

2. 返回一个真或假的布尔值表示游戏是否结束：

```
def done?
  @round > TOTAL_ROUNDS
end
```

你这里并没有一个完整的包含条件检查的 if 语句。Ruby 通过比较 @round 实例变量里的值和常量 TOTAL_ROUNDS 的值，仍然能理解发生了什么。如果轮次数大于 3，这个条件会返回真；否则，它会返回假。

3. 返回本轮是否结束：

```
def round_done?
  @round_done
end
```

@round_done 实例变量被程序员称为标记变量（flag variable），程序中的某一部分会设置一个标志用来告诉其他部分有事情发生了。在猜数字游戏中，当游戏对象检测到本轮结束时，它会将变量设置为真，对象外部的代码可以看到它并根据它的值决定是否结束主代码里的循环。

配置每个回合

每一轮中，游戏会询问玩家一些他需要用来运行游戏的数字。这个代码应该使用 player 对象来获取玩家的输入值或其他数据，然后检查这些值对游戏来说是否有意义。

1. 获取游戏允许的最大数字，它会被作为选择神秘数字的范围：

```
def get_high_number
  print "I'll pick a number between 1 and what number? "
  high_number = @player.get_high_number
  if high_number <= 1
    puts "Oops! The number must be larger than  1. Try again."
    return false
  else
     return true
  end
end
```

这个方法有很长的字数，但是基本而言，它是在让玩家选择一个数字。它使用了一个条件判断确保这个数字不会小于等于零，否则这个数就没有意义了！如果工作正常，这个方法就返回真，否则返回假。主游戏循环会使用这个值来决定是否继续执行本轮循环。（如果需要的话，回顾一下主代码，我会在这等你。）

这是一个清晰使用 return 关键词的例子。你不是一定要这样做，但是它可以让代码更易于阅读。

2. 从玩家处获取需要猜测的次数，这是我们增加的用来挑战玩家的地方，这样游戏变得有趣，它要求玩家尝试估算出他需要多少次才能猜出神秘数字。如果他能在这个次数到达之前就猜出数字，游戏会给他额外的分数。

```
def get_guess_count
  average = calculate_typical_number_of_guesses
  puts "How many guesses do you think it will take?"
  print "(average would be #{average}): "
  total_guess_count =  @player.get_total_guess_count
  if total_guess_count < 1
    puts "Seriously #{@player.name}?! You need to at least try!"
    return false
  else
    return true
  end
end
```

我知道这看起来很长，但是它打印了很多文字来告诉用户发生了什么事。代码本身使用的都是你已经见过的技术。

3. Get_guess_count 方法使用了一个叫 calculate_ typical_number_of_guesses 的方法。现在我们编写这个方法：

```
def calculate_typical_number_of_guesses
  typical_count = Math.sqrt(@player.high_number)
  typical_count.round
end
```

这个方法使用了一些复杂的数学知识来计算出通常情况下随机选择的神秘数字需要多少次猜测才能猜中。注意你正在使用 Ruby 的数学库里的平方根方法（sqrt）和 round 方法来确保这个方法返回的数字是一个整数。

如果你学过代数或者听过二分查找法，你可能能明白这里发生了什么。如果你还没有，不要着急——这不重要！你只需要知道我们正在使用数学方法来估算当使用最好的猜数字的算法时需要多少次才能猜中数字。

4. 最后的设置内容就是让 Game 对象选择一个神秘数字：

```
def prepare_computer_number
    @computers_number = rand(@player.high_number) + 1
  end
```

记住 rand 方法会在 0 和你的数组减一的范围内随机选择一个数，这也是为什么你需要在最后加一的原因。

5. 你已经打了不少字了！但你还没完成，确保你保存了！

执行猜测循环

当一切都设置好后，游戏需要实际上能运行游戏猜测部分的代码。

1. 获取玩家本轮的猜测值：

```
def get_player_guess
  print "#{@player.name}, what is your guess? "
  @player.get_guess
  compare_player_guess_to_computer_number
end
```

2. 在玩家返回一个猜测值后，游戏需要检查玩家是否正确，还是需要一个提示：

```
def compare_player_guess_to_computer_number
  if @player.current_guess == @computers_number
    @round_done = true
    puts "YEAH!!!!! You guessed it!"
    calculate_score
  else
    show_hint
  end
end
```

如果玩家当前的猜测和 Game 对象选择的神秘数字一样，那么玩家就完成了这一轮。这就是你标记 @round_done 的时候了，你也可以计算本轮的分数。如果玩家没有猜到这个数字，给他一个提示。

添加提示代码

这个猜数字游戏有一点不真诚，因为它不是一直说真话的！

1. 根据玩家的选择是比游戏的神秘数字大还是小来准备一条提示消息：

```
def show_hint
  hints = ["low", "high"]
  if @player.current_guess < @computers_number
    hint_index = 0
```

```
  else
    hint_index = 1
  end
  if !tell_truth?
    hint_index = hint_index - 1
    hint_index = hint_index.abs
  end
  puts "HINT: You are too #{hints[hint_index]}"
end
```

这个方法使用了一些有趣的技术。首先它在一个数组里存储了 low 或者 high 的提示词，然后通过一个条件比较玩家的猜想和计算机的数字来决定要使用哪个提示词。如果玩家的值太小，你就把变量置为 0；否则就置为 1。这个数字是数组里你想要使用的提示词的索引值（index）。语法规则 hints[hint_index] 是你获取对应项的方法。

还记得我在之前的项目里描述过，一个数组就像是一些连着的盒子或一系列隔间，我称之为槽。每个槽都是被编号的，从第一个槽开始，编号为 0。是的，程序员很有趣，他们喜欢从 0 开始计数！在提示方法里，你根据情况使用本地变量 hint_index 来指向正确的盒子。

2. 新建一个方法，随机决定是否要说真话：

```
def tell_truth?
   rand(100) >= 4
end
```

rand 方法会选择一个 0 ~ 99 之间的数。如果这个数字大于等于 4，这个条件就为真，提示方法就会“讲真话”。

在 show_hint 方法里关于说真话条件中使用的数学是有点取巧的。它将当前值减一，然后获取这个数字的绝对值。这会让当前值 1 变为 0，0 变为 -1（绝对值是 1）。它颠倒了结果！

为每轮评分

通过数值比较，为每轮评分是相当简单的：

```
def calculate_score
  score = 0
  if @player.guess_count > @player.total_guess_count
    score = 1
  elsif @player.total_guess_count < calculate_typical_number_of_guesses
    score = 3
  else
    score = 5
  end
  @player.add_score(score)
end
```

如果玩家花费的次数比他之前想的要多，他会获得 1 分。如果他花费的次数比之前想的少，他会获得 3 分。如果次数正好，他会获得最多的分数（5 分），因为这相当令人惊奇。

注意你正在使用玩家的设值方法来将本轮的分数加到玩家的总分里。

展示玩家的结果

最后，你需要一些辅助方法来打印每一轮的结果以及总体的结果。

1. 打印这一轮中当前的状态：

```
def show_results
  puts "Guess count: #{@player.guess_count}
    target: #{@player.total_guess_count}"
end
```

没有什么特殊的地方，只是打印一个玩家的数字。

2. 打印游戏的最终分数：

```
def print_final_score
  puts "Final score for #{@player.name} is  #{@player.score}"
end
```

3. 保存、测试、运行这个游戏。它应该看起来和图 6-4 一样。

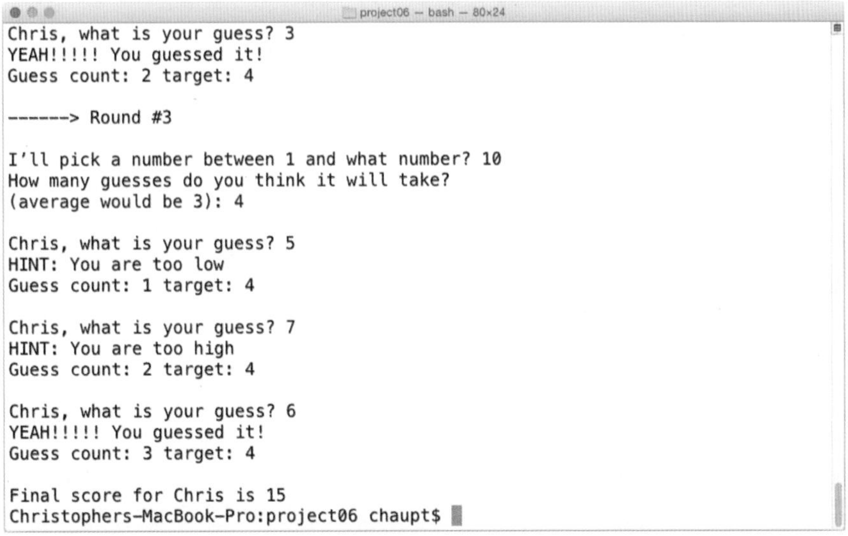

```
project06 — bash — 80×24
Chris, what is your guess? 3
YEAH!!!!! You guessed it!
Guess count: 2 target: 4

------> Round #3

I'll pick a number between 1 and what number? 10
How many guesses do you think it will take?
(average would be 3): 4

Chris, what is your guess? 5
HINT: You are too low
Guess count: 1 target: 4

Chris, what is your guess? 7
HINT: You are too high
Guess count: 2 target: 4

Chris, what is your guess? 6
YEAH!!!!! You guessed it!
Guess count: 3 target: 4

Final score for Chris is 15
Christophers-MacBook-Pro:project06 chaupt$
```

图 6-4

最终的游戏情况。

尝试一些实验

本项目的代码量很大，但是它介绍了一些新的概念，最重要的就是类。我只是使用了一些最基本的功能来将游戏分成 3 个部分：主代码、Player 对象和 Game 对象。在未来的项目里，我会进一步地分割内容，然后向你展示更多的 Ruby 内置类和对象。

对于本游戏你能做的还有很多，何不尝试一些？

- 如果游戏拖得太久了，那么玩家如果可以不需要按 Ctrl+C 组合键就可以退出会是很友好的。你能添加一个退出功能的方法吗？
- 增加一些额外的统计数据，例如所有回合的总猜测次数。
- 修改评分机制，让分数基于总的猜测次数。如果玩家选择了一个比平均计算出的猜测次数大很多的数字，他就会被惩罚。
- 修改提示算法，根据玩家距离神秘数字的远近告诉他是变热了还是变冷了。
- 游戏关于“说谎”的部分有什么影响吗？计算机不是总说真话是让这个游戏变得更有趣了还是更无趣了？你要怎样修改这个部分呢？

处理大量的用户数据

```
project08 — bash — 80×24
Christophers-MacBook-Pro:project08 chaupt$ ruby codebreak.rb
Code Breaker will encrypt or decrypt a file of your choice

Do you want to (e)ncrypt or (d)ecrypt a file? d
Enter the name of the input file: secret.txt
Enter the name of the output file: final.txt
Enter the secret password: brutus
All done!
Christophers-MacBook-Pro:project08 chaupt$ cat final.txt
Friends, Romans, countrymen, lend me your ears;
I come to bury Caesar, not to praise him.
The evil that men do lives after them;
The good is oft interred with their bones;
So let it be with Caesar. The noble Brutus
Hath told you Caesar was ambitious:
If it were so, it was a grievous fault,
And grievously hath Caesar answer'd it.
Here, under leave of Brutus and the rest--
For Brutus is an honourable man;
So are they all, all honourable men--

Antony
Christophers-MacBook-Pro:project08 chaupt$
```

本部分包括：

- [ ] 短稻草
- [ ] 破密机
- [ ] AD 牌

项目七
短稻草

有时候，当你和一群人在一起，你需要随机地从他们中选择一个人让他做某件事情。可能是让他第一个做游戏，或让他做一件杂事，或者你只是对看谁能最后站着感兴趣（想一下抢椅子游戏）。一个古老的游戏有时会被用来选人，它把一些稻草（或棒子，或铅笔）放到包裹里，除了其中一根稻草会比其他所有稻草短一些，然后随机从包裹里抽一根稻草。拿到最短的稻草的人就会“出局”（或者就是胜者，这取决于你怎么看）!

本项目将会更进一步地深入了解一下你已经在前面的一些项目中使用的数组对象。到目前为止，我只是使用了它的一些基本功能，但是这里，你会发现这其实是一个非常有用的工具。我想向你展示一些其他的使用数组的方法。作为彩蛋，我会向你展示一些使用数组和类的捷径。

```
project07 — bash — 80×24
Christophers-MacBook-Pro:project07 chaupt$ ruby straws.rb
Welcome to the Last Straw Game
In each round, players will draw straws of two different lengths.
The players who pick the short straw will be eliminated and
a new round will begin.

----> Round 1

==================== anne
==================== bert
==================== chris
==================== donna
==================== ernie
==================== franz
==================== garfield
==================== holden
==================== ivy
===== jose

----> Round 2

==================== anne
===== bert
==================== chris
```

筹备一个新项目

你会使用 Atom 来新建和编辑你的源代码，你将把这个项目存入一个单个的 Ruby 文

件中。你将使用终端程序来运行、测试和体验“短稻草”的游戏。

如果你还没有新建 development 文件夹，参考项目二中的指令。

1. 启动你的终端程序，然后进入开发文件夹：

```
$ cd development
```

2. 为本项目新建一个目录：

```
$ mkdir project07
```

3. 切换到新的目录：

```
$ cd project07
```

4. 双击 Atom 图标启动 Atom。

5. 选择 File⇨New File 来新建一个源代码文件。

6. 选择 File⇨Save 保存文件，然后把它们存入到 project07 目录下，命名为 guess.rb。

如果你对这些步骤存在疑惑，参考项目四里的“筹备一个新的项目”章节。它提供了更详细的步骤。

你现在已经为深入学习数组做好准备了，你将构建一个淘汰式的、锦标赛式的画稻草游戏。

规划这个项目

理论上，本项目比之前的项目要简单很多，至少从游戏概念上来看是这样的：一群人从一堆稻草里随机挑选，然后看谁是拿到“最短”稻草的人。然而，不要被它欺骗！你仍然需要规划整体的代码。同时因为你正在使用 Ruby 写代码，所以我将花费一点时间向你展示：很多相同的逻辑和步骤可以用不止一种方法实现。你将会发现 Ruby 提供了很多工具来让编写代码变得更容易、更精简。

我曾经说过程序员是很懒惰的。我的意思是他们不喜欢做杂事吗？通常情况下，不是的。我的意思是你写过的最好的代码是那些你还没有写的代码？！？你写的代码越多，造成错误或其他问题的机会就越大。要成为一个专家程序员，你需要找到使用其他人的代码的方法（例如 Ruby 提供的内置方法、对象和类），同样你也要寻找可以用更少行的代码实现相同的工作的技术。我会在本项目中向你展示一些。

一个游戏对象将被用来管理一群玩家（ 玩家也是对象），然后一轮一轮地运行这个游戏。在每一轮里，玩家会被给予新的稻草（也是额外的对象）来和其他玩家的稻草进行比较。游戏对象也是游戏规则相关代码被编写的地方，即使是在如此简单的游戏中。

游戏应该欢迎玩家并且提供一个简单的关于要发生什么的介绍。

和之前的项目不同，你不需要在游戏开始的时候输入很多玩家。相反，你将提供一个名字数组，游戏对象会用它来生成一系列相关的玩家对象。每一轮中，游戏都会新建一个新的“包裹”（ 实际上就是另一个数组），它包含了稻草对象。它会计算游戏里还有多少玩家剩余，然后为这些玩家每人生成一根稻草。游戏会让其中的一根稻草比其他的稻草“短一些”。

游戏会给予每位玩家一根稻草。它会打印出一条消息来展示本轮的进展。它也会打印出所有剩下的玩家，因此你可以看到哪位玩家拥有什么样的稻草。游戏会将拥有短稻草的玩家从剩余玩家里淘汰（多么伤感！）。如果游戏发现有不止一个玩家剩余，它会运行下一个回合。当只有一个玩家剩余时，游戏结束并显示胜利者。

这是一个简单的游戏，但是它会给你一个机会来尝试一些不同的使用数组的技术。Ruby 数组是一个你会在你自己的程序里一直使用的核心数据结构之一，因此熟悉 Ruby 给你的所有的工具是很值得的。

数据结构（Data structure）是一个精致的术语，它代表你组织和使用信息的方法。它可能是一些简单的标准数字或字符串（也被称为原始的或原始数据结构），或者也可能会略微复杂一点，比如说一个像数组和哈希（暂时还没用到）的容器。你可能不知道它，但是在之前的项目中，你在为 Player 或 Game 对象实现类的时候就已经构建过你自己的数据结构了。一个数据结构可以被理解为抽象数据类型（就像我说的 Player 对象，并且知道一个玩家由名字构成，或者本项目中的稻草对象）。

考虑程序的框架

你将继续使用你学过的关于面向对象编程的知识，然后用一些类以及一个使用类的主程序的形式来构建这个项目。你会需要新建 Player、Straw 和 Game 类以及一些用来启动所有内容的 Ruby 代码。

1. 切换到 Atom 里的 straws.rb 文件，在文件头部添加一个注释来提供一些关于本项目的信息：

```
#
# Ruby For Kids Project 7: Straws
# Programmed By: Chris Haupt
# Elimination-round, tournament-style, avoid the
    shortest straw, or else!
#
```

2. 保持对你的用户友好，提供一些简单的介绍让他们知道要发生什么了：

```
puts "Welcome to the Last Straw Game"
puts "In each round, players will draw straws of
    two different lengths."
puts "The players who pick the short straw will be
    eliminated and"
puts "a new round will begin."
```

3. 和之前的项目不一样，需要用户名字时，你不会跳过之前那些询问数据记录的语句，相反，你只需要使用一个由名字构成的数组。你可以使用任何你想要的名字，然后将它们指派给常量 PLAYERS：

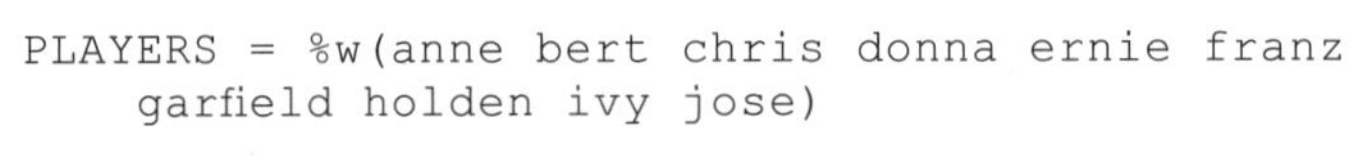

```
PLAYERS = %w(anne bert chris donna ernie franz
    garfield holden ivy jose)
```

等一下！这个数组看起来有点奇怪。还记得我说过我要给你展示一些 Ruby 的捷径吗？这是第一个。这个小写的 %w 符号代表新建数组的时候的字符串是用空格分割的。你当然可以用很长的代码来编写这个数组，就像：

```
PLAYERS = ["anne", "bert", "chris", "donna",
    "ernie", "franz", "garfield", "holden", "ivy",
    "jose"]
```

这样做，每个名字需要输入 3 个额外的字符（两个引号和一个逗号，除了最后一个名字）。既然有捷径为什么要做这些额外的事情呢？有时候，你必须要使用上述形式——例如，如果你的名字是 Chris von Programmer，那么这个名字里的空格会让 Ruby 感到困惑，它可能会错误地分割你的名字。

4. 通过向 Game 类发送消息来新建一个 Game 对象，然后将 PLAYERS 数组作为参数传入：

```
game = Game.new(PLAYERS)
```

5. 你将会在 Game 类新建一些方法来运行游戏。暂时而言，编写出主游戏循环并假装这些方法已经存在：

```
while !game.done? do
  game.show_round_number
  game.play_round
```

```
  game.show_results
  game.finish_round
end
```

这些事件的顺序和你之前规划的是一样的。通过合理的命名方法，你会发现阅读代码是超级简单的。

我在之前提到过，但是命名真的很重要！为了你自己和将来你的代码的读者，选择一些相对来说有意义的变量、方法名和类名。你自己可能就是那个未来的读者，当你过了 6 个月回头看你的程序时，如果你发现你给未来的自己留了一些简单易读的代码，你会变得非常开心。

6. 通过向 Game 对象发送一条消息来完成程序的主要部分并打印出“短稻草”锦标赛的冠军：

```
game.show_winner
```

7. 现在保存你的代码，切换到终端并执行它。

```
$ ruby straws.rb
```

和预期的一样，Ruby 会让你知道这个程序还没有被完成（见图 7-1）。

```
project07 — bash — 80×24
Christophers-MacBook-Pro:project07 chaupt$ ruby straws.rb
Welcome to the Last Straw Game
In each round, players will draw straws of two different lengths.
The players who pick the short straw will be eliminated and
a new round will begin.
straws.rb:14:in `<main>': uninitialized constant Game (NameError)
Christophers-MacBook-Pro:project07 chaupt$
```

图 7-1

对，该是编写一些类的时候了。

构建占位用的类

和你在之前的项目学的一样，在编写代码的时候你可以用 Ruby 来引导你。当你添加一些少量的 Ruby 代码并保存运行它们时，Ruby 产生的各种各样的警告和错误会给你一个完美的提示来让你知道是否自己还处于正轨上。我将在这儿再次使用这个技术，帮助你对它变得熟悉。

新建一个空的 Game 类

我将会由下而上地向你展示这个程序的细节，但是先让我们在文件中放置一些用来占位的代码：

1. 在开头部分输入空的 Game 类，将它放到 straw.rb 文件的开头，紧跟注释后面：

```
class Game
    def initialize(player_names)
    end
# the rest of the game class code will go here
end
```

2. 因为你已经编写了主程序中使用这个类的代码，所以在之后要调用的方法里放入一些桩。

术语桩（stub）是程序员用来占位的、临时的或用于测试实现的代码。你正在编写的方法将作为 Game 类的接口，但是你还没有填充真正可以工作的代码。

编写表明游戏已经结束的方法，将这个代码放入 Game 类：

```
def done?
end
```

3. 编写打印回轮次数的方法：

```
def show_round_number
end
```

4. 编写进行一轮游戏的方法：

```
def play_round
end
```

5. 编写展示轮次结果的代码：

```
def show_results
end
```

6. 编写完成本轮、记录最终结果的代码：

```
def finish_round
end
```

7. 编写显示谁获得胜利的代码：

```
def show_winner
end
```

8. 保存并运行你的代码。你应该可以看到介绍消息，然后程序会停留在那一步。如果你还记得，你有一个 while 循环正在等待 Game 对象表明游戏结束了，但这不会发生，因为你正处于一个无限循环的状态。按下 Ctrl+C 退出来（见图 7-2）。

```
project07 — bash — 80×24
Christophers-MacBook-Pro:project07 chaupt$ ruby straws.rb
Welcome to the Last Straw Game
In each round, players will draw straws of two different lengths.
The players who pick the short straw will be eliminated and
a new round will begin.
^Cstraws.rb:in `show_round_number': Interrupt
        from straws.rb:39:in `<main>'

Christophers-MacBook-Pro:project07 chaupt$ 
```

图 7-2

没有明显的错误，但是你被困在循环里了。

新建一个空的 Player 类

下一步是 Player 类，它会用来存储一个玩家的名字和它当前持有的稻草。

1. 首先添加一个空的 Player 类以及一个接受名字作为参数的初始化方法，将这个代码放在 straws.rb 文件中 Game 类的上方、顶部注释的下方：

```
class Player
    def initialize(name)
     @name  = name
    end
    # the rest of the player code will go here
end
```

2. 再次保存这个代码，你可以运行它，看下 Ruby 是否会检测出一些错误。但无论如何，你仍然会被困在那个循环里。

新建一个空的 Straw 类

同样，你也会用一个对象来代表玩家持有的稻草。Straw 类会持续追踪稻草的尺寸（用一个数字）并且可以说出这是不是“短的稻草”。最终，它也会绘制出稻草。

1. 新建一个类以及一个接受稻草尺寸作为参数的初始化方法；将这个代码放在 straws.rb 文件中 Player 类的上方、顶部注释的下方：

```
class Straw
    def initialize(size)
     @straw_size = size
    end
    # the rest of the straw code will go here
end
```

2. 增加一些常量来代表不同的稻草尺寸。这个数字本身并不重要：

```
SHORT_STRAW = 5
LONG_STRAW  = 20
```

将这个代码紧贴着放在初始化方法的上方。在多数情况下，这个位置不重要，但我喜欢把像常量这样的内容放在类的顶部，以便更容易地找到和发现它们。

3. 再次保存。继续运行 Ruby 看看是否有拼写错误。按下 Ctrl+C 组合键退出循环。

编写 Straw 方法

在本项目的剩余部分里，我将用自下而上的方法来解释“ 短稻草”的代码。在你填充这些类的时候，你会开始发现在 Ruby 中有很多不同的做事方法，我将为你指出其中的一些。

Straw 类的目的是用来表示一个对象，它知道自己的尺寸并且能够展示自己，就这样，很简单。简单的对象很重要，因为它会让代码变得更容易理解、更容易复用、更容易调试。

可能的话，将逻辑相关的代码放在一起也是一个好主意。从另一角度看，将不同作用或责任的代码分割成小的代码块也是个好主意。我们本可以直接将 Straw 的能力在 Player 类里构建，但是我们把它分割出来了是因为它们是不同的内容。

新建 Straw 的读值方法

稻草之间有两种不同的信息需要被分享：它是不是短的以及它看起来是什么样的。

1. 新建一个方法，它可以被用来测试这根稻草是否是短的：

```
def short?
  @straw_size == SHORT_STRAW
end
```

这个方法会返回一个布尔值（真或假）。如果稻草的尺寸和常量相等，它会返回真；否则，这根稻草就不会被认为是短的，方法就会返回假。

2. 返回某种字符串来表示稻草看起来是怎么样的。虽然你仍在构建一个在终端里运行的程序，但是为什么不给用户提供一些除了数字以外的内容呢?

```
def appearance
  '=' * @straw_size
end
```

到目前为止，很简单。

新建 Straw 的工厂方法

对于这个程序来说，主游戏对象会执行很多轮次，每一次都会将玩家的数量减一。在每一轮中，程序也需要创建一个新的稻草集以供玩家使用。为了让这更简单，你将会新建一个工厂方法来一键构建那些你需要的稻草对象。

程序员通常使用术语工厂（factory）来描述一个可以为你构建其他对象的方法。就像真实世界里的工厂一样，你将会给工厂一条命令（在本例中是你想要的稻草的数量），然后它会为你构建对象。在本程序中，工厂会为你新建一个包含 Straw 对象的数组。

1. 稻草工厂会新建一个包含 Straw 对象的数组。为了有趣，让我们称这个稻草数组为一个“包裹”，然后像这样开始写代码：

```
def self.create_bundle(short, long)
```

这看起来几乎就是一个正常的方法，它的命名没有问题——create_bundle 告诉我们这个工厂将会构建一些什么。参数是我们想要新建的长（long）稻草和短（short）稻草的数量。Self. 部分告诉 Ruby 这是一个类方法。

什么是类方法？到目前为止，你创建的所有方法的名字前都没有这个 self. 部分。还记得方法就是一条你发送给相关对象的消息，但是这假设对象已经存在了。你如何给一个不存在的对象发送消息呢？一种方法就是向这个类本身发送消息。对于工厂方法来说，你想要新建一个具体类型的对象，因此你将这个方法通过使用 self. 语法附着到想要的类上去，然后你就可以使用这个代码来新建任意数量的对象了。在 Ruby 中，你会经常看到这种用于方法的模式，它被用来新建或维护对象群。

2. 为包裹定义一个空数组：

```
bundle = []
```

3. 现在用新的 Straw 对象填充这个数组：

```
1.upto(short) do
  bundle << Straw.new(SHORT_STRAW)
end
```

你新建了一个循环，循环次数和 short 变量值一样。<< 语法是一种往数组里添加内容的方法。这里你新建了一个新的 Straw 对象，设置它的尺寸为 SHORT_STRAW 常量里的值，然后将这个对象添加到数组里。

4. 利用完全一样的技术为长稻草编写另一个循环代码：

```
1.upto(long) do
  bundle << Straw.new(LONG_STRAW)
end
```

你在往已经存在的数组的末尾添加长稻草。

5. 返回变量 bundle 里存储的值，然后结束这个方法。你觉得这个包裹的总长度是多少呢？

```
  bundle
end
```

6. 保存你的代码并执行一个快速的测试。你不应该看到任何错误，但是除此之外，其他任何事情也不会发生。

数组入门

在你编程时，最基本也是最有用的容器数据结构之一就是数组。数组就像是有很多隔间或槽的盒子，你可以在里面放东西。一个装了稻草的数组可能看起来和图 7-3 很像。

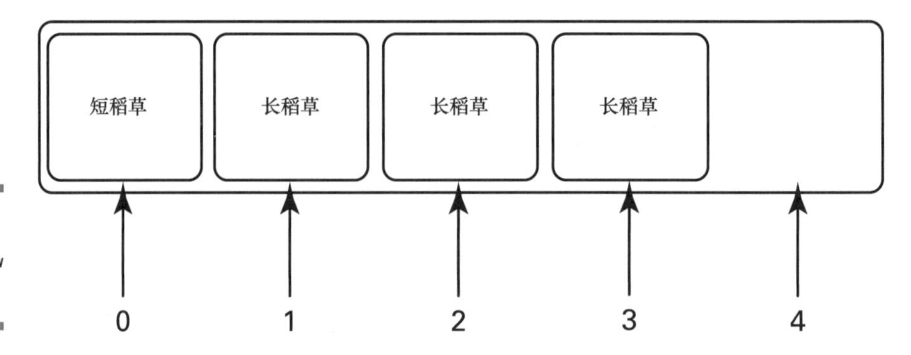

图 7-3
一个包含 4 个 Straw 对象的数组。

每个槽存储一个对象。这些槽从零开始编号。在图 7-3 中，第一个槽存储了一个短稻草，它的编号是 0。程序员将数组中项目的位置编号称为索引（index）。

在之前的章节中，create_bundle 工厂方法使用 << 方法在数组的末尾添加新的稻草对象。在图 7-3 中，如果你想要在末尾添加另一个对象，它的索引会是 4。

在 Ruby 中，数组不是定长的。这里的图示展示了一个定长的盒子，但是事实上，唯一的长度限制是 Ruby 可以使用多少内存。如果你需要，你可以新建一些巨大的数组。

通过索引号，你可以随意地访问数组中的对象。例如，图 7-3 里，如果你想要访问那个短稻草，并且数组被存在一个名为 bundle 的变量里，你可以使用语法 bundle[0]；如果你想要访问第二个物品，则是 bundle[1]，以此类推。

正如你在本项目或其他项目中所见，当你在使用数组时，有很大数量的有用的方法可供使用。

编写 Player 的方法

本项目中的玩家对象非常简单，它由一些读值方法、设值方法以及两个辅助方法组成。

新建玩家的读值和设值方法

在本项目中，Player 类关心的数据是玩家名字和它当前的 Straw 对象。

1. 新建一个玩家名字的读值函数。到目前为止，你只要像这样编写代码：

```
def name
  @name
end
```

这是一个超级简单的方法，它仅仅返回了 @name 实例变量的值。编写这样的代码是极其常见的，因此 Ruby 提供了一种可以将它写入一行的捷径：

```
attr_reader :name
```

在屏幕背后，Ruby 本质上编写了一个和第一个版本完全一样的代码。你会得到相同的行为，但是可以避免打很多字。

Attr 是什么意思？程序员对于一个对象的实例会有一个特别的名字，尤其是当它会被暴露在外部的时候。在 Ruby 中，它们被称为属性（attribute），有些程序员也会称它们为特性（properties）。上文中它被称为一个属性读取器，这是读值方法的另一种说法。

2. 你需要一个读值方法和一个设值方法来读取和写入玩家当前的 straw 对象。使用 Ruby 提供的属性访问方法捷径：

```
attr_reader :straw
attr_writer :straw
```

嗯，似乎打的字还是太多了，对吗？好吧，Ruby 针对这种情况还有一个更精简的表达方式，因此用这个替换：

```
attr_accessor :straw
```

访问器（Accessor）只是另一种精致的方法，它用来表达“设值和读值合二为一”。也许它并不精致，但是它一点也不拗口！注意，当你使用访问器时，有一个有趣的含义：属性不管是在关联对象的外部还是项目的内部都是可以访问的。你会注意到，在未来的项目里，我不会总是直接使用实例变量（@消失了）。如果你遇到这种情况，这意味着我使用属性读取器（或写入）代替了。

保持访问器里的名字（冒号 [:] 后面的部分）一定要和实例变量的名字（不包括 @）一模一样，这点非常重要。在你正在编写的代码里，当我展示一个访问器时，我有时也会

使用实例变量，它几乎总是和初始化方法在一起来设置变量。如果名字拼的不一样，那么它们就不会指向相同的值，你就会面对需要定位问题的难题！例如 @name 和:name 除了带头的符号其他都一样，因此它们没有问题。

新建玩家的辅助方法

当使用 Player 对象时，这个游戏需要两个辅助方法，现在编写它们：

1. 对于本项目的用户界面，你只需要打印稻草的样子和玩家的名字。使用字符串插值来构建它：

```
def appearance
  "#{straw.appearance} #{name}"
end
```

2. 游戏循环需要查看一个玩家是否拥有最短的稻草，因此提供这样一个方法来测试：

```
def short_straw?
  straw.short?
end
```

这是一个简单的小方法，游戏引擎只需要测试一下玩家对象，看它是否拥有最短的稻草。游戏引擎可以进入玩家对象并检查它的稻草，但是这不是一个好的编程方法。相反，你可以在 player 中使用一个方法来隐藏玩家拥有什么稻草以及稻草的长短情况。

3. 在继续编写 Game 对象之前保存你的代码。

编写游戏方法代码

该是完成这个项目并使用你刚编写的其他对象了。对于每个任务，你都会需要新建或者更新 Game 类中的相关方法。

编写初始化和终结条件

前往 Game 类开始更新之前留下的桩代码。

1. 输入初始化代码的完整实现。它会被用来通过使用提供的名字数组来生成一个玩家对象集：

```
def initialize(player_names)
  @players = []
    player_names.each do |name|
    @players.push(Player.new(name))
```

```
    end
    @rounds  = 1
  end
```

你同时也开始了第一轮的游戏，你会在用户界面里用到它。

这个配置代码看起来和你在 Straw 类里的 create_bundle 工厂函数中的代码非常相似，不是吗？在本例中，你正在使用 Player 对象来装载一个数组，但是我使用了另外的一个被称为 push 的方法，而不是 <<。Push 方法在数组的末尾增补对象，它几乎和 << 是一致的。我想说明的是，在 Ruby 中，通常有不止一种做事情的方法。你也许会发现两者有一些不同之处，但是在这里不重要。你应该使用那个对你来说更容易理解的方法。

2. 更新 done? 方法，让它提供一个真实的结果：

```
def done?
  @players.length <= 1
end
```

你这里使用的测试方法是查看在 @players 实例对象中的数组是否不止存在一个玩家对象。每一轮都会去除至少一个对象，因此最终这个条件会变成真的。

编写用户界面方法

本项目的用户界面会打印当前的轮次号、本轮的结果以及最终胜利者的名字。

1. 使用你基础的字符串输出知识新建一个简单的轮次提示器：

```
def show_round_number
  puts ""
  puts "----> Round #{@rounds}"
  puts ""
end
```

2. 使用 player 类的能力来为玩家生成一个界面、绘制稻草并打印本轮中所有玩家的结果：

```
def show_results
  @players.each do |player|
    puts player.appearance
  end
end
```

each 方法循环遍历了 @players 实例变量中的数组。在每个循环里，它将下一个玩家对象放入本地变量 player 中，然后在 do 和它相关联的 end 关键词之间的代码里想对它做什么就做什么。这可能是最常见的用来循环、遍历一个数组的方法。

3. 胜利者就是 @players 数组里的最后一个对象。

```
def show_winner
```

```
  last_player = @players.first
  puts ""
  puts "The winner is #{last_player.name}"
  puts ""
end
```

Ruby 的数组类给你提供了一个很友好的方法，名为 first，它会返回数组中的第一个元素。在你的代码里，游戏结束的时候应该只有一个玩家剩余。之前关于数组的讨论中提到，你可以通过索引号来指代数组中的对象。你可以像这样编写 last_player 的指派代码：

```
last_player = @players[0]
```

我认为使用 first 方法会更容易阅读，但是这只和个人选择有关。

编写主游戏逻辑方法

我们已经在最后的冲刺阶段了，但是我们仍然需要实现基本的游戏逻辑方法，因此让我们现在做这个。

1. Play_round 方法用来为每一轮准备稻草并把它们传给玩家：

```
def play_round
  bundle_of_straws = setup_new_bundle
  0.upto(@players.length - 1) do |index|
    player = @players[index]
    player.straw = bundle_of_straws.pop
  end
end
```

注意，我向你展示了另一种用来循环、遍历数组的方法。你可能认为这看起来比使用 each 方法更复杂一点，你是对的。但是，让我们看一下这里发生了什么。我是用了可靠的 upto 方法来从 0 到玩家数组长度减一进行计数。为什么？我在尝试生成这个数组的索引号。还记得，这些数组从 0 开始作为第一个元素。如果你没有在末尾减去一个，我就会尝试从数组中多获取一个元素。Ruby 不会喜欢这样的！在循环内部，我从 index 变量里获取了当前的数字，然后使用数组索引方法（方括号：@players[index]）来获取下一个玩家。

这里使用了一个新的、名为 pop 的数组方法。Pop 方法会去除数组中的最后一个元素并返回。本地变量 bundle_of_straws 存储了一个随机的 Straw 对象数组。这个代码抓取了数组中的最后一个，然后使用玩家对象的稻草设值方法（访问器）将它指派给玩家。唷！这么点代码竟然需要用这么多话来解释。

2. Play_round 方法使用了我们还没创建的 setup_new_bundle 方法，因此你现在要接着编写它：

```
def setup_new_bundle
  number_of_players = @players.length
  bundle = Straw.create_bundle(1, number_of_
    players - 1)
  bundle.shuffle
end
```

这个方法首先要确定还剩多少玩家。数组对象提供了 length 方法返回数组元素的总长度。接着，你使用 Straw 类中友好的工厂方法来新建一个 Straw 对象。在本游戏里，你需要新建一个短稻草，然后剩下的都是长稻草。最后，Ruby 的数组类提供了一个非常好的工具方法，它会随机地混淆数组中的元素，和你洗牌的操作一样。你使用 shuffle 混淆数组并作为方法的结果返回。

3. 最终，编写用于完成其中一轮游戏的代码：

```
def finish_round
  @players.delete_if do |player|
    player.short_straw?
  end
  @rounds += 1
end
```

这里 Ruby 的数组类提供给你另外一种方法：delete_if。这里包含了一个特殊的循环。Delete-if 做的事是：遍历整个数组的内容，使用本地变量 player 来将每个元素传递给代码。在代码内部，你调用玩家的 short_straw? 方法来查看这个玩家是否拥有短稻草。如果这个值是真的，那么它会告诉 delete_if 方法将这个对象从数组中去除。多么友好！

4. 保存并运行这个项目。你应该会获得很多输出，它们展示了游戏的进度以及最终的胜利者，就像图 7-4 中所示。多次尝试运行这个程序，你会看到不一样的结果。

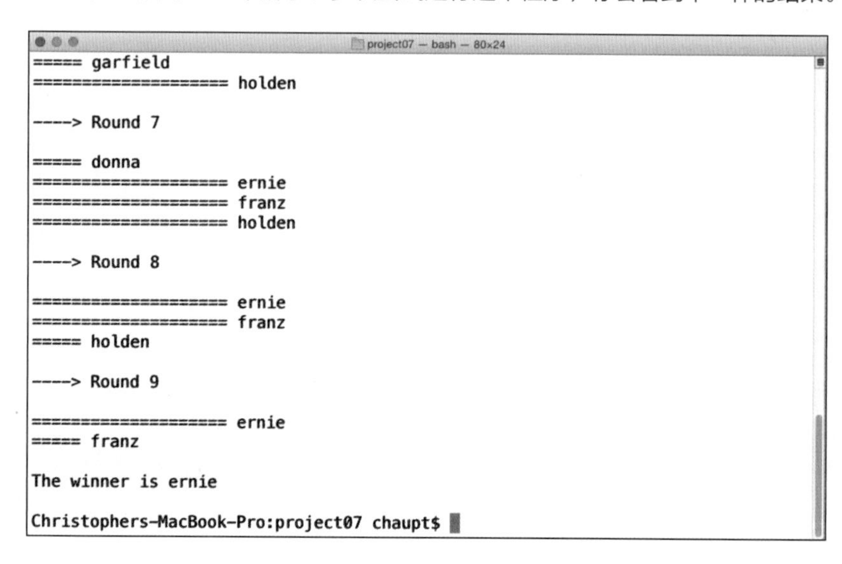

图 7-4

最后的输出会展示出一位胜利者！

尝试一些实验

虽然这个项目包含的都是相对简单的概念，但它仍向你展示了使用 Ruby 数组类的威力，数组是你在编程时会用到的最常见的数据结构之一。

你可以用这个项目做更多的事情，为什么不尝试一下呢？

- 如果你改变了稻草包裹的构成会发生什么呢？尝试不止一根短稻草的情况。
- 如果你不混淆稻草会发生什么呢？
- 使用你在之前的项目中使用的技术，尝试用输入的方法添加玩家的名字，而不是使用一个硬编码的名字列表。
- 我没有在 Game 类中使用 attr_accessor，我可以吗？尝试一下。
- 想一些新的方法来实现用户界面。

项目八 破密机

欢迎来到加密、密码和传递秘密信息的世界！你有没有想过发送一条隐藏的信息，这条信息只有你和你发送的人才能理解？你们可能自己想了一个暗号并用它手动翻译一封信或便签——但这样工作量很大。将信息的内容隐藏起来的过程被称为加密（encryption），将隐藏的信息转换回来的过程就是解密（decryption），这很容易理解。为什么不让计算机为你做这些事情呢？

在本项目中，你会编写一个 Ruby 程序来做一些如加密、解密你的笔记的劳动力工作。你将会在你的编辑器里编写你的笔记然后把它存入文件中，然后你将会使用这个项目的程序将它转换到一个难以阅读、加密的形式。同样，这个程序可以将一个加密后的文件变回你可以阅读的形式。

```
project08 — bash — 80×24
Christophers-MacBook-Pro:project08 chaupt$ ruby codebreak.rb
Code Breaker will encrypt or decrypt a file of your choice

Do you want to (e)ncrypt or (d)ecrypt a file? d
Enter the name of the input file: secret.txt
Enter the name of the output file: final_message.txt
Enter the secret password: brutus
All done!
Christophers-MacBook-Pro:project08 chaupt$ cat secret.txt
Lxoktjy, Xusgty, iuAtzxEskt, rktj sk EuAx kgxy;
O iusk zu hAxE Igkygx, tuz zu vxgoyk nos.
Znk kBor zngz skt ju roBky glzkx znks;
Znk muuj oy ulz otzkxxkj Cozn znkox hutky;
Yu rkz oz hk Cozn Igkygx. Znk tuhrk HxAzAy
Ngzn zurj EuA Igkygx Cgy gshozouAy:
Ol oz Ckxk yu, oz Cgy g mxokBuAy lgArz,
Gtj mxokBuAyrE ngzn Igkygx gtyCkx'j oz.
Nkxk, Atjkx rkgBk ul HxAzAy gtj znk xkyz--
Lux HxAzAy oy gt nutuAxghrk sgt;
Yu gxk znkE grr, grr nutuAxghrk skt--

GtzutE
Christophers-MacBook-Pro:project08 chaupt$
```

筹备一个新项目

在本项目中，你会使用Atom来新建和编辑你的源代码以及新建加密信息的测试文件，你将把这个项目存入到一个单个的Ruby文件中，加密信息会存到其他文件中。你将使用终端程序来运行、测试和体验项目代码。

如果你还没有新建development文件夹，参考项目二中的指令。

1. 启动你的终端程序，然后进入开发文件夹：

```
$ cd development
```

2. 为本项目新建一个目录：

```
$ mkdir project08
```

3. 切换到新的目录：

```
$ cd project08
```

4. 双击Atom图标启动Atom。

5. 选择File⇨New File来新建一个源代码文件。选择File⇨Save保存文件，然后把它们存入到project08目录下，命名为codebreaker.rb。

如果你对这些步骤存在疑惑，参考项目四里的“筹备一个新的项目”章节，它提供了更详细的步骤。

规划这个项目

关于保守秘密信息的挑战已经持续了很长时间。事实上，在本项目中，我将向你展示的相对简单的技术在几千年前就被朱利乌斯凯撒（Julius Caesar）使用了！如果你曾经手写过加密信息，那么你可能已经使用过你即将编写的名为凯撒加密法的程序。

虽然整个Ruby程序会比较短，但我们仍要规划一下这个程序要做什么。一个主对象用来管理破密机的用户界面以及加密文件和解密文件的输入和输出。你这里所有的代码都会被用来运行程序。和之前的程序不一样，这次很少的代码会在类之外，类之外只有很少的一部分有必要来启动程序的代码。

第二个对象包含了加密过程的代码。我会将这个对象放在它自己的类的外面，这样如果你想要更深入地探究加密，你就可以简单地将它换成其他的算法。事实上，我会在本章的最后向你发出挑战，让你使用 Ruby 实现第二种凯撒加密的方法。

本项目中的凯撒加密版本会使用一个名为查找表的技术，它和你用铅笔在纸上手动进行计算基本上差不多。我将向你展示一个新的数据结构，名为哈希（hash），除了数组，我认为它是 Ruby 提供的最有用的内置数据结构之一。

在我向你展示如何编写这个程序的两个类时，我会提供很多小的细节。你将使用的用于读取和写入文件的技术在将来你需要处理大量数据时会很有用，你将使用的新数据结构会在未来的项目中频繁出现。

凯撒加密如何工作

历史学家告诉我们朱利乌斯凯撒在 2000 年前使用它的密码（暗号）来保护重要的军事和政治信息。虽然也有其他类型的加密在此之前就被使用了，但凯撒加密是个很好的学习加密的着手之处，因为它相对来说容易理解。

这个加密也被称为移位加密（shift cipher）或置换加密（substitution cipher）。在这个过程里，你获取你信息里的每个字母，然后根据一个具体的规律把它们换成其他的字母。凯撒最初的版本是获取英文字母，然后将它们减去 3 个字母位置。例如，字母 J 会被换成字母 G。对于在字母表开头的几个字母，你会把它们轮转到字母表的另一端，因此字母 C 会变成字母 Z。参见图 8-1 中的例子：

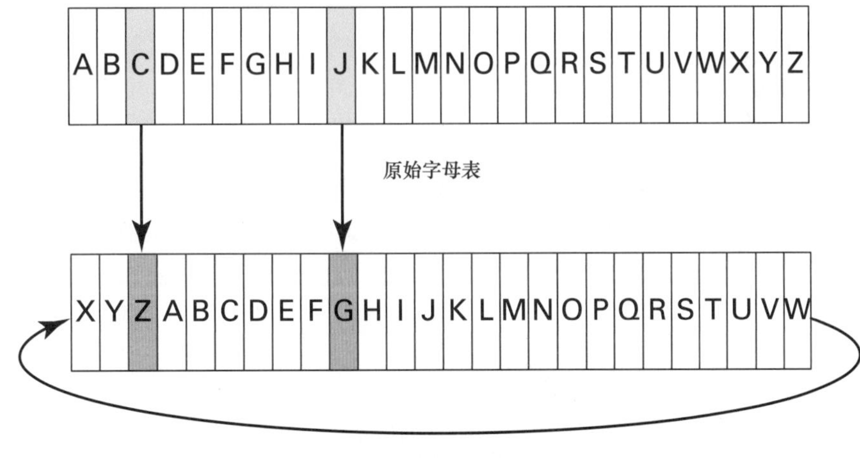

图 8-1
一列字母表以及它们置换后的结果。

如果你将原始字母表和置换后的字母表对齐，你就可以很迅速地找到原始的字母和处于它下方的对应的加密后的字母（见图 8-1）。为了解密你的信息，只要你知道字母表轮换了几个位置，就能颠倒这个过程。你只需要选择加密字母表里的字母，然后在原始字母表里找它的对应的原始字母。简单！

考虑程序的框架

随着你编码能力的提升，你将会开始学习编码风格，它会让你的代码更容易理解和维护。像 Ruby 这样面向对象的编程语言，其中一种方式就是尽可能多地把功能包裹在可复用的类里。破密机项目非常简单——你会把几乎所有的代码放入两个类中，但是，你也需要一些少量的代码来启动整个程序。

1. 和你之前的项目一样，在 codebreak.rb 文件顶部放置某种注释来描述它：

```
#
# Ruby For Kids Project 8: Code Breaker
# Programmed By: Chris Haupt
# A program that will encrypt and decrypt another
    document using the Caesar cipher
#
```

2. 添加一些简单的欢迎信息，它会被展示给你的用户：

```
puts "Code Breaker will encrypt or decrypt a file
    of your choice"
puts ""
```

3. 通过新建主对象类的实例来新建一个新的对象：

```
codebreaker = CodeBreaker.new
```

程序员称新建对象的过程为实例化（instantiation）；这个新建的对象被称为相关类的实例（instance）。在 Ruby 中，当你向类发送 new 消息时，如果初始化方法存在，它就会调用这个方法并返回可供你使用的新对象。

4. CodeBreaker 类会承担运行程序的任务，其中包括处理和程序使用者交互需要的所有用户接口。新建一个条件语句取决于 codebreaker 对象是否正常工作并打印一条消息：

```
if codebreaker.run
  puts "All done!"
else
  puts "Didn't work!"
end
```

这里的 run 没有什么特别，我选择它只是用于向对象发送消息来让一切启动。根据它

是否运行，它会返回一个真或假的布尔值。你也可以让这个 run 方法仅打印一条最终消息。

5. 在继续下一节前保存你的代码。你也可以测试它，然后 Ruby 会提醒你 CodebBreaker 类缺失。接下来就编写这个类。

新建占位类

在本项目中只有两个类。主 CodeBreaker 类承担管理程序的工作，处理需要加密或解密的用户文件以及打印用户界面。Caesar 类实现了加密的代码。通过把加密功能移出，你可以轻易地把它替换为其他的加密方法。

CodeBreaker 类

在这个主工作类中，你会使用一些熟悉的技术：

1. 定义类的主体和初始化方法就在文件顶部的注释下方：

```
class CodeBreaker
  def initialize
    @input_file    = ''
    @output_file   = ''
    @password      = ''
  end
# Put the rest of the code here
end
```

这里你使用空字符串清空了一些实例变量。你可以以此来表示用户还没有选择文件或密码还没有被使用。

记住在 Ruby 中只有两个值会被识别为假：关键词 nil 和关键词 false。除了这两个会如此，其他任何内容在条件判断中都会被认为是真的。在本项目中，你是用空字符串来表示 @input_fine 和 @output_file 不含文件名的。如果你想要测试这些变量本身查看它们在条件判断中是真还是假，那么它们会被认为是真的。当你学习其他语言时要小心，很多语言在使用条件语句时会把空字符串作为假对待。

2. 在 CodeBreaker 内部添加一个临时的 run 方法：

```
def run
    true
end
```

这是主程序调用的唯一一个方法，因此继续下一节之前，你可以暂时不实现其他方法。

3. 保存并运行你的程序。目前的 CodeBreaker 类除了占位类之外没有什么其他用途。

Caesar 类

有趣的是，在上一节中，加密类甚至没有在主类中被使用。不管怎么说，先继续新建一个占位类：

1. 在 CodeBreaker 类上方添加 Caesar 类：

```
class Caesar
# Code will go here
end
```

2. 再次保存并测试。是的，这有点虎头蛇尾，但是下一节开始，就会开始变得有趣了。

编写 CodeBreaker 方法

在破密机项目里，我会用由上而下的方法向你展示代码。主类会负责程序所有的输入和输出。这个类收集用户的偏好和数据，然后输出一个包含加密后的结果的文件。

你也会新建一个可以颠倒运行这个过程的函数：获取一个加密后的文件，然后把它翻译成一些可以阅读的内容，希望可以成功。

Codebreaker 的 run 方法

主项目代码新建了一个 CodeBreaker 类的实例并向它发送一条 run 消息让它启动。这个 run 方法是整个项目唯一的切入点。

切入点（entry point）可以简单理解为一些具体的程序功能开始的地方。程序员也会提到应用编程接口（API）。API 是一个类或者程序的一部分，它可以被其他程序员看见并用来访问它提供的功能。

通过替换 CodeBreaker 类中的 run 桩实现切入点：

```
def run
  if get_command && get_input_file && get_output_
    file && get_secret
    process_files
    true
  else
    false
  end
end
```

run 方法在 if 语句里调用了一系列其他的方法。&& 符号表示逻辑操作“与”。如果所有的方法都返回 true，它就会返回真；否则就返回假。为了保证程序继续运行，所有的方法必须返回真。

If 语句中，包含 true 值的行和 else 语句后包含 false 值的行将会作为这个方法的返回值。还记得之前你曾使用这些值来决定主程序中要显示哪一条最终消息。

用户界面方法

破密机的用户界面会询问用户想要做什么操作（加密还是解密文件）。这个程序也会要求这个文件的名字以及输出文件的名字。

1. 新建一个常量数组对象，它会包含你将会用来代表命令的值：

```
COMMANDS = ['e', 'd']
```

将这行代码放到 CodeBreaker 类的顶部、初始化方法之前。

我使用字母 e 作为加密选项、字母 d 作为解密。如果你喜欢，你可以完整拼写整个单词。

这是一个短数组，但你也可以像这样编写数组：COMMANDS = %w(e d)。这看起来有点有趣但代表了同样的内容。

2. 编写用来打印命令菜单以及收集用户操作选择的方法：

```
def get_command
  print "Do you want to (e)ncrypt or (d)ecrypt a
    file? "
  @command = gets.chomp.downcase
  if !COMMANDS.include?(@command)
    puts "Unknown command, sorry!"
    return false
  end
  true
end
```

这里你使用了一些你在之前的项目里见过的捷径。Ruby 对象可以让你连着一起使用一系列的方法。这很方便，即使这样做多了会很容易出问题。@command = gets.chomp.downcase 行读取了用户的指令、去除了末尾的换行符并确保字母是小写的。对你来说，这能更容易地检查用户是否做出了有效的选择。

在第一步中，你将在 COMMANDS 常量数组中定义的变量作为有效指令。因为它是一个数组，所以当你访问变量时，你可以使用任何你认为会有帮助的数组方法。!COMMANDS.include?(@command) 使用了 include? 方法来查看在实例变量里的值是否在数组里。

这节省了很多打字量。你可以使用多个 if 条件来检查。这个惊叹号表示逻辑操作“ 非”，因此整个条件可以读成“ 如果命令不在有效的命令列表里”（ 如果你想要把它转换成直白一点的表达的话 ）。

3. 接着，收集用户选择作为输入文件：

```
def get_input_file
  print "Enter the name of the input file: "
  @input_file = gets.chomp
  # Check to see if the files exist
  if !File.exists?(@input_file)
    puts "Can't find the input file, sorry!"
    return false
  end
  true
end
```

基于你目前所学到的内容，这个应该看起来很熟悉。条件语句里的新代码检查用户输入的文件名字是否在你的项目目录里存在。这个文件必须存在程序才能工作，因为它是程序的输入。

File 类提供了各种用来读取或写入文件的有用的功能，这和你使用你电脑上的文件管理工具，如资源管理器或 Finder 对文件进行操作一样。

4. 新建一个和输入文件方法几乎一致的方法用于从用户处获取一个输出文件名：

```
def get_output_file
  print "Enter the name of the output file: "
  @output_file = gets.chomp
  if File.exists?(@output_file)
    puts "The output file already exists, can't
    overwrite"
    return false
  end
  true
end
```

你能指出输入和输出文件方法里 if 语句的细微差别吗？它们都在检查存在性，但是有什么是不一样的吗？

输出文件将会被程序用来保存加密算法的结果。这里，你希望保证文件不存在；否则，你会因为新的输出而损坏已经存在的文件。!（ 非 ）符号在这个条件里不见了，这很重要，因为你想知道这个文件实际上是何时存在的。

5. 最后，收集用户关于密码的选择：

```
def get_secret
  print "Enter the secret password: "
```

```
  @ password = gets.chomp
end
```

在这个方法里没有什么特别的条件检查。不管用户输入什么密码都没有问题，之后你就会知道这是为什么。

你可能会怀疑为什么你这里不需要返回真或者假。还记得 Ruby 使用方法里最后一个语句的结果作为方法的返回值。这里的最后一行代码将 gets.chomp 的输入指派给了实例变量 @password，这就是结果。还记得除了 nil 和 false 的其他任何值都会被认为是真的。对于 run 方法中需要传入的内容，用户可以选择任何内容。如果你关心具体的返回结果（就像你在其他方法里做的那样），你可以用具体的 true 或 false 替换。在本程序里，你不需要过于关心这一点。

6. 保存你的代码并尝试运行它。你应该会看到一些提示符，但是你将用什么输入文件作为回答呢（见图 8-2）?

```
project08 — bash — 80×24
Christophers-MacBook-Pro:project08 chaupt$ ruby codebreak.rb
Code Breaker will encrypt or decrypt a file of your choice

Do you want to (e)ncrypt or (d)ecrypt a file? e
Enter the name of the input file: message.txt
Can't find the input file, sorry!
Didn't work!
Christophers-MacBook-Pro:project08 chaupt$
```

图 8-2

你需要一个外部的输入文件用于加密。

7. 使用 Atom 新建一个文件，称它为 message.txt。这个名字不重要，因此如果你称它为别的也没问题——你只需要在之后的步骤里使用这个名字就行了。你可以输入任何你喜欢的内容：

```
Friends, Romans, countrymen, lend me your ears;
I come to bury Caesar, not to praise him.
The evil that men do lives after them;
The good is oft interred with their bones;
So let it be with Caesar. The noble Brutus
Hath told you Caesar was ambitious:
If it were so, it was a grievous fault,
And grievously hath Caesar answer'd it.
Here, under leave of Brutus and the rest--
For Brutus is an honourable man;
So are they all, all honourable men--

Antony
```

8. 保存 message 文件到 project 0 8 目录里，和 codebreaker.rb 并列。再次运行这个程序，在输入文件提示符里使用你选择的文件名。你会有些进展（见图 8-3），但是该是实现文件处理代码的时候了。

```
Christophers-MacBook-Pro:project08 chaupt$ ruby codebreak.rb
Code Breaker will encrypt or decrypt a file of your choice

Do you want to (e)ncrypt or (d)ecrypt a file? e
Enter the name of the input file: message.txt
Enter the name of the output file: secret.txt
Enter the secret password: Brutus
codebreak.rb:58:in `run': undefined local variable or method `process_files' for
 #<CodeBreaker:0x007fbba3188f38> (NameError)
        from codebreak.rb:69:in `<main>'
Christophers-MacBook-Pro:project08 chaupt$
```

图 8-3

用户界面似乎工作了，但是处理代码缺失了。

加密和解密方法

破密机的主要工作就是处理你的输入文件并新建一个包含结果的输出文件。

1. 文件处理方法在 Codebreaker 类的内部。我将一点一点向你展示。从方法定义开始：

```
def process_files
```

2. 使用 Caesar 类实例化一个加密对象：

```
encoder = Caesar.new(@password.size)
```

在本项目中，我会交替的使用编码和加密，解码和解密这几个词汇。

凯撒加密事实上没有用到密码或密钥，但是其他算法会用到。CodeBreaker 类设置了这一项，这样你就可以用其他需要使用密码的类来替换 Caesar 类。因为凯撒加密只需要一个数字来表示字母需要移动几个位置，你可以使用用户在提示符后输入的单词的长度。这意味着如果使用两个相同长度的不同的单词，你会获得相同的结果。是的，dogs 和 cats 的结果是一样的——令人震惊！

3. Ruby 的 File 类实际上是另一个名为 IO 类（输入、输出的简称）的特殊版本。首先，打开输出文件来存储算法的结果：

```
File.open(@output_file, "w") do |output|
```

这里，你告诉 Ruby 打开 @output_file 实例变量里保存的文件，你希望向它里面写入（w）。本地变量 output 表示怎样访问文件。

4. 接着，你想打开输入文件，然后逐行读取那个文件。Ruby 的 IO 类给了你一个很好的工具来达到这个效果：

```
IO.foreach(@input_file) do |line|
```

一步就可以完成，Ruby 会打开以 @input_file 里的值为名字的文件，它会逐行读取并将数据放置到本地变量 line 里。

5. 获取输入行并根据用户选择的操作将它转换。还记得用户可以选择加密或解密文件，因此这里需要使用其中的一项：

```
converted_line = convert(encoder, line)
```

这里，你使用了一个我还没有向你展示过的方法：convert。它将 encoder 对象和当前的输入 line 作为参数，它返回加密或解密形式的数据。

6. 我们想要写出行并把它存到另一个文件里。你实际上也可以将它们都写到屏幕上，但我认为写在文件里会更好：

```
output.puts converted_line
```

puts 对你来说很熟悉，对吗？当你只是用 puts 本身时，它只会把输出写到屏幕。如果你将 puts 消息发送给一个文件，例如，存在于本地变量 output 里的文件，它就会在那里写入 converted_line 变量里的内容。

当 puts 将它的输出写在屏幕上时，程序员将这个输出位置称为标准输出（standard output，简称 standard out 或 stdout）。正如你想的的那样，gets 也是这样工作的。当你像在本项目中这样使用它时，你正从标准输入（standard input，简称 standard in 或 stdin）中读取内容。

7. 补全方法里所有缺失的 end 语句：

```
    end
  end
end
```

我把这个方法弄得很分散，因此，这里是它整体看起来的样子：

```
def process_files
  encoder = Caesar.new(@password.size)
  File.open(@output_file, "w") do |output|
    IO.foreach(@input_file) do |line|
      converted_line = convert(encoder, line)
      output.puts converted_line
    end
  end
end
```

8. 添加缺失的 convert 方法：

```
def convert(encoder, string)
  if @command == 'e'
    encoder.encrypt(string)
  else
    encoder.decrypt(string)
  end
end
```

这个方法简单地根据用户选择的命令来切换你在 encoder 对象里要使用的方法。Encoder 对象返回的值也可以作为这个方法的返回值。

9. 保存你的工作。如果你现在测试它，你会获得如图 8-4 所示中的错误，它会“抱怨”Caesar 类的 initialize 方法参数的数量不对。该是修改它的时候了。

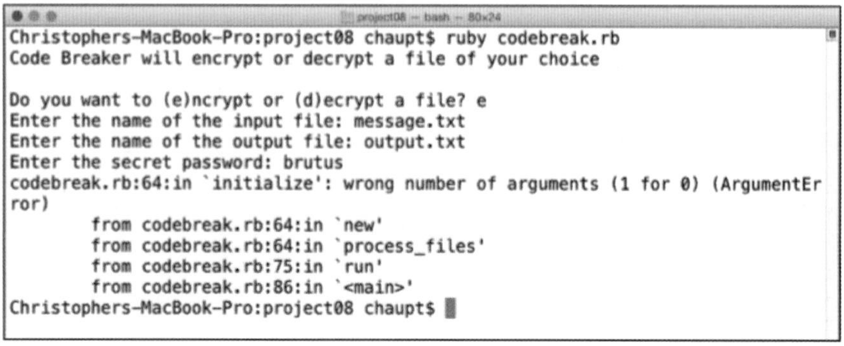

```
Christophers-MacBook-Pro:project08 chaupt$ ruby codebreak.rb
Code Breaker will encrypt or decrypt a file of your choice

Do you want to (e)ncrypt or (d)ecrypt a file? e
Enter the name of the input file: message.txt
Enter the name of the output file: output.txt
Enter the secret password: brutus
codebreak.rb:64:in `initialize': wrong number of arguments (1 for 0) (ArgumentEr
ror)
        from codebreak.rb:64:in `new'
        from codebreak.rb:64:in `process_files'
        from codebreak.rb:75:in `run'
        from codebreak.rb:86:in `<main>'
Christophers-MacBook-Pro:project08 chaupt$
```

图 8-4

更进一步了，但是你的 Caesar 类还没有设置好。

编写 Caesar 方法

凯撒加密算法会在 Caesar 类的内部实现。如果你新建一个包含了一系列标准方法的类，你就可以将 Caeasr 类用另一个实现相同方法但使用了不同的算法的类来替换。

程序员喜欢新建共有接口，即 API，这会给他们的程序提供灵活性。它允许在未来轻易的升级和实验一些其他的方法。

配置方法

在“凯撒加密如何工作”这一节里，本章的之前部分，你使用了两份字母表并将它们对齐，然后将其中一份字母表偏移某个长度位置。如果你像图 8-1 里那样将两份字母表对齐，你就可以用它们作为某种查找字母的表。根据你是想加密还是解密一条信息，你可以从对应地选择原文或置换后的字母表着手。

1. 新建更新后的 Caesar 类的初始方法来设置你需要的字母表：

```
def initialize(shift)
  alphabet_lower = 'abcdefghijklmnopqrstuvwxyz'
```

你从原始的字母表开始。

2. Caesar 加密对于处理大写和小写字符并不聪明。在项目的查找表中，它非常呆板，因此你需要明确地把大写字母包含进来：

```
alphabet_upper = alphabet_lower.upcase
alphabet = alphabet_lower + alphabet_upper
```

使用你关于字符串方法的知识，你可以自动地把小写字母表转换为大写字母表，然后将它们添加到一起，这样你的字母表就可以涵盖大小写两种情况了。

3. 对于字母表的置换版本，你需要将每个字母进行一定数量的位移。Initialize 方法中的 shift 参数代表了这个数字。但是如果这个数字太大怎么办？让我们使用一些数学知识来保证那个数字总是比我们的数组长度要小：

```
index = shift % alphabet.size
```

你需要的字母表的字符串的长度应该是标准英文字母表长度的 2 倍（$2\times26=52$）。然后你使用这个值并用模运算符（%）来分割代表位移量的数字。模除运算可以计算除法的余数。回忆一下在数学课上做的除法。如果你的位移数字是 3，字母表的长度是 52，那么 52 除以 3 要除几次？2 次。还有几项会余下？你最后会以余 3 结束。就像这样，如果你的位移数字是 53，那么 53 除以 52 商 1 余 1。我们不会想让我们的索引变量比字母表的大小减一。在纸上或 IRB 里尝试一下，证明它的结果是正确的！

4. 通过抓取字母表的一部分，然后使用 Ruby 的字符串方法来置换它们，以此建加密后的字母表：

```
encrypted_alphabet = alphabet[index..-1] +
    alphabet[0...index]
```

当心，确保这里的标点符号是对的。第一个部分里有 2 个，另一个部分有 3 个。

这里的语法看起来有点奇怪，但让我分析一下。通过在字符串上使用方括号，你可以用一些类似于数组的方式来处理字符串。你可以给字符串提供一个索引数字，你将会获得对应的那个位置的字符（字母）。如果你提供了一个索引段，你会获得字符串的一部分，它包含了从段头到段尾的字符。程序员称这个部分的字符串为子字符串（substring）。在本代码里，你使用字母表的后半部分构建一个新的字符串，它从 index 里的数字开始到结尾（alphabet[index..-1]），然后向其添加前半部分，它从第一个字母开始，直到 index 值表示的位置（alphabet[0...index]）。

5. 通过调用另一个方法来进一步设置，我们将 initialize 方法再次包裹：

```
  setup_lookup_tables(alphabet,
   encrypted_alphabet)
end
```

将这个配置步骤分割到一个单独的方法里并不是完全必要的，但我这里这样做是为了介绍 Ruby 的哈希类。

6. 定义查找表方法并初始化一些实例变量：

```
def setup_lookup_tables(decrypted_alphabet,
    encrypted_alphabet)
  @encryption_hash = {}
  @decryption_hash = {}
```

decrypted_alphabet 参数保存了常规的字母表。新的 {} 语法代表了一个空的哈希，和你在其他项目里使用的数组语法很相似。你会在接下来填充这些哈希表。

7. 这里的计划是遍历字母表长度，对于每个字母，填充两个查找表中的一个。一个表会被用来将未加密的文字转换为加密的文字（加密）；另一个则是将加密后的文字转换为未加密的文字（解密）。

```
  0.upto(decrypted_alphabet.size) do |index|
    @encryption_hash[decrypted_alphabet[index]] =
    encrypted_alphabet[index]
    @decryption_hash[encrypted_alphabet[index]] =
    decrypted_alphabet[index]
  end
end
```

你已经在之前使用了 upto 循环方法，它会循环和你的字母表大小一样的次数。代码块内部的两行载入了哈希表。循环的索引数字被用来作为字符串的索引，它和数组的索引非常相似并会返回一个具体位置的字母。

访问哈希的语法和数组类似，使用方括号，但是和用数字作为索引不一样，它的索引可以是任何内容。本项目中你使用了字母表中的字母。在等号右侧的部分，你使用索引数字来从另一个字母表的字符串里读取该位置的字母。如果你想要看这些字母是如何配对的，你可以将它们像表格一样画出来。

哈希入门

哈希，有时被称为哈希表或字典，它是另一个 Ruby 的核心数据结构。我认为哈希（和数组）是在实现程序时最有用的对象之一。

哈希是一个容器数据结构，和数组一样，它们有单独的位置来存储任何类型的对象。和用数字做槽的索引不一样，哈希的内容是通过键来索引的，这个键可以使用几乎任何类型的对象。一般来说，这个键是一个字符串或 Ruby 符号。本章中的项目里，你使用了一个字符串形式的字母或数字。

你可以认为哈希就像英文字典或者一本书结尾部分的索引页一样。你可以使用名字来查找单词，它可以返回一个定义或页码。

哈希不是定长的——如有需要，它们会增长（或缩小）。一旦通过 {} 或 Hash.new 新建了一个空的哈希，你就可以开始通过一个键往哈希里添加对象了。例如，如果 my_hash = {} 被设置了，我就可以用我的名字作为键来存储一个附近的城市：my_hash ['chris'] = 'San Francisco'。

要获取一个值，你只要使用相同的键就可以：my_hash ['chris']，Ruby 会返回存储在那的任何东西。

如果你使用了一个不存在键，默认情况下，Ruby 会返回 nil。

在凯撒加密代码里，你是用一个哈希作为查找表的。这意味着如果你知道你正在处理的字符串中的一个字符，知道使用哪一个哈希，你就可以用那个字母作为键，然后哈希会返回存储在那的对应这个字母的加密字母。例如，如果位移量是 3，那么 @encryption_hash ['a'] 则包含了字母 *x*。

加密和解密方法

本类中，主要的难题就是配置哈希作为查找表。现在你将要使用加密和解密函数来使用它们：

1. 首先编写代码来加密一个字符串：

```
def encrypt(string)
  result = []
  string.each_char do |c|
    if @encryption_hash[c]
      result << @encryption_hash[c]
    else
```

```
      result << c
    end
  end
  result.join
end
```

这个方法从配置一个空数组来存储转译后的字母开始。Ruby 字符串类的 each_char 方法会遍历存储在 string 本地变量里的字符串，它每一轮都会返回一个字符。对于每个字符，它使用它的值作为 @encryption_has 哈希的键。如果这个键是有效的，Ruby 会返回对应的字符——首先在条件里看它是否存在，如果存在，把它加到 results 数组的末尾。如果这个键不在 @encryption_hash 里，它会返回 nil，Ruby 认为 nil 是假。在这种情况下，else 从句就会被使用，那个字符会直接加到 results 数组的后面。最后，数组的 join 方法会被调用作为返回值。Join 方法会获取数组里的每个元素并把它们合在一起做成一个字符串。

2. 解密方法和这个几乎是一样的。唯一的不同就是使用的哈希不一样：

```
def decrypt(string)
  result = []
  string.each_char do |c|
    if @decryption_hash[c]
      result << @decryption_hash[c]
    else
      result << c
    end
  end
  result.join
end
```

3. 保存你的代码，并尝试运行程序。它应该和图 8-5 看起来差不多。

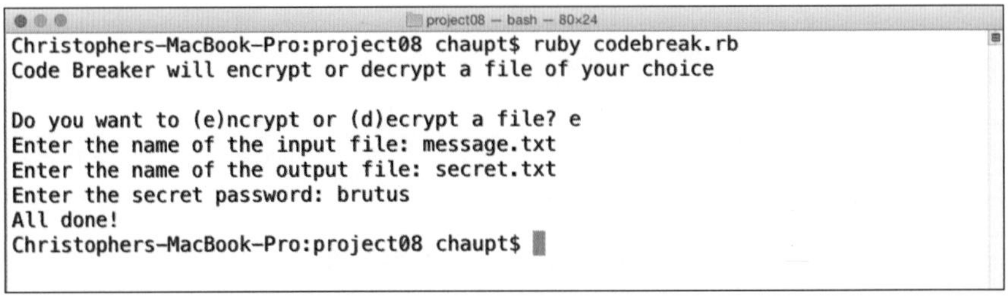

```
project08 — bash — 80×24
Christophers-MacBook-Pro:project08 chaupt$ ruby codebreak.rb
Code Breaker will encrypt or decrypt a file of your choice

Do you want to (e)ncrypt or (d)ecrypt a file? e
Enter the name of the input file: message.txt
Enter the name of the output file: secret.txt
Enter the secret password: brutus
All done!
Christophers-MacBook-Pro:project08 chaupt$
```

图 8-5

现在你可以加密（或解密）一个信息文件。

在我的例子里，我将我加密后的 message.txt 的内容保存到了 secret.txt 文件中，它加密后看起来就像这样：

```
Lxoktjy, Xusgty, iuAtzxEskt, rktj sk EuAx kgxy;
```

```
O iusk zu hAxE Igkygx, tuz zu vxgoyk nos.
Znk kBor zngz skt ju roBky glzkx znks;
Znk muuj oy ulz otzkxxkj Cozn znkox hutky;
Yu rkz oz hk Cozn Igkygx. Znk tuhrk HxAzAy
Ngzn zurj EuA Igkygx Cgy gshozouAy:
Ol oz Ckxk yu, oz Cgy g mxokBuAy lgArz,
Gtj mxokBuAyrE ngzn Igkygx gtyCkx'j oz.
Nkxk, Atjkx rkgBk ul HxAzAy gtj znk xkyz--
Lux HxAzAy oy gt nutuAxghrk sgt;
Yu gxk znkE grr, grr nutuAxghrk skt--

GtzutE
```

确实如此！它读起来有点困难，对吗 ？如果我将这个 secret.txt 文件再次放入程序里并使用相同的密码，我应该可以像图 8-6 一样取回我的原始文本。

```
Christophers-MacBook-Pro:project08 chaupt$ ruby codebreak.rb
Code Breaker will encrypt or decrypt a file of your choice

Do you want to (e)ncrypt or (d)ecrypt a file? d
Enter the name of the input file: secret.txt
Enter the name of the output file: final.txt
Enter the secret password: brutus
All done!
Christophers-MacBook-Pro:project08 chaupt$ cat final.txt
Friends, Romans, countrymen, lend me your ears;
I come to bury Caesar, not to praise him.
The evil that men do lives after them;
The good is oft interred with their bones;
So let it be with Caesar. The noble Brutus
Hath told you Caesar was ambitious:
If it were so, it was a grievous fault,
And grievously hath Caesar answer'd it.
Here, under leave of Brutus and the rest--
For Brutus is an honourable man;
So are they all, all honourable men--

Antony
Christophers-MacBook-Pro:project08 chaupt$
```

图 8-6
解密后的信息文件。

尝试一些实验

在本项目中，你可以实验很多东西。凯撒加密本身是相对简单的（并且会很容易地被破译人员破解）。根据我们代码的结构，使用相同的基础 API，你应该可以轻易地将 Caesar 类换成另一个类。

你也学习了怎样使用哈希和一点关于文件输入、输出的知识。这些技术在你构建更复杂的程序时会很有用。

- 在 Caesar 类里，我通过手动输入的方式拼写了整个字母表。尝试使用这个 Ruby 语句来代替它，看看它是做什么的：('a'..'z').to_a.join。
- 如果你输入了一个包含数字的信息，会发生什么？你要怎样修改这个问题？
- 我向你展示了如何捕捉用户的输入，并把它放入一个文件。如果你想让它在屏幕上出现呢？
- Ruby 的字符串类有一个方法被称为 tr，它可以将一个字符串转换成另一个字符串。在 Ruby 的文档里找出这个方法，然后看它是否可以以 tr 方法来代替 Caesar 主体部分里的 encrypt 方法和 decrypt 方法。提示：你可以用一行代码解决所有问题！

项目九
AD 牌

（译者：此处原标题为 Acey Deucey，它是西方的一种玩牌的模式，但是经过我的阅读和搜索，没有在我们文化里找到任何和这种玩牌的模式对应的词汇，而且也没搜到中文翻译。所以我这里取了两个首字母，将其译成 AD 牌）。

随着你越来越熟悉如何像一个面向对象编程的程序员一样思考，那么将项目分割成不同的对象来表示真实世界里的概念就会变成你的第二本能，你可以想象出对象是什么样子以及它们有哪些行为。如果你可以熟练地使用 Ruby 里提供的丰富的内置特性库来编写对象，那么你不需要像其他编程语言一样使用大量的代码就可以使用 Ruby 构建一些相当复杂的项目。

在本项目里，你将会组合一系列自定义的对象，它们会使用很多 Ruby 的数组类来构建多人的纸牌游戏：AD 牌，它要求你新建一些对象，例如牌、一副牌、玩家和游戏规则对象。

```
project09 — ruby — 80×24
Christophers-MacBook-Pro:project09 chaupt$ ruby acey.rb
Welcome to Acey Deucy
Enter number of players: 3
Enter name for player #1: Amy
Enter name for player #2: Bert
Enter name for player #3: Chris
Amy has 10 chips
Bert has 10 chips
Chris has 10 chips
----------------------------------------
Round 1! The dealer has 0 chips.
----------------------------------------
Everyone antes
The dealer now has 3 chips.
---> Current cards:
Player Amy
7 of Clubs
10 of Hearts

Player Bert
Jack of Spades
Jack of Hearts

Player Chris
```

筹备一个新项目

这个项目需要你使用 Atom 来新建和编辑你的源代码，这一次，你会将你项目的源代码存入到多个 Ruby 文件里，每一个文件都包含一个对象类。你将继续使用终端程序来运行、测试和体验这个游戏。

如果你还没有新建 development 文件夹，参考项目二中的指令。

1. 启动你的终端程序，然后进入开发文件夹：

```
$ cd development
```

2. 为本项目新建一个目录：

```
$ mkdir project09
```

3. 切换到新的目录：

```
$ cd project09
```

4. 双击 Atom 图标启动 Atom。

5. 选择 File⇨New File 来新建一个源代码文件。

6. 选择 File⇨Save 保存文件，然后把它们存入到 project09 目录下，命名为 acey.rb。当你一步一步地跟着这个项目后，你会在相同的目录里新建其他的所有文件。

如果你对这些步骤存在疑惑，参考项目四里的“筹备一个新的项目”章节，它提供了更详细的步骤。

规划这个项目

AD 牌游戏已经存在很多年了，并且在本地化后又出现了很多不同的变种版本。它的基本思想是：你有一副标准的扑克牌以及两三名玩家，玩家会一轮一轮地玩牌，直到所有的牌都被用完了或者除了最后一名玩家外，其他玩家都被淘汰了。最后拥有最多筹码的玩家就是胜利者。

这个游戏相当简单，但你仍然需要规划好你的代码，这样才能让编写程序变得简单。

主对象会启动游戏引擎并判断有多少玩家以及他们都是谁。主对象只会包含足够用来启动游戏的代码，但是它不会包含任何真正的游戏规则。

也许本项目中最重要的对象是那个表示游戏本身的对象，这个对象管理游戏的每一轮竞猜，像“庄家”一样发牌，不管胜局还是败局都要求玩家下注，所有游戏的规则都会在这个对象里。

第 3 个对象用来表示游戏玩家。玩家对象将会保存玩家的信息，包括她的名字、用来下注的虚拟筹码或金币的数量以及她手中持有的牌。

最后，你需要一副牌。在本项目中，你会将这个问题分解成两种不同种类的对象。其中一种用来存储牌的信息，包括它的大小（即牌面值，像2、10、J、A、Q）和花色（方块，红心，梅花或黑桃）。牌对象会被存在另一个表示一整副牌的对象里。整副牌对象知道怎样拿牌、洗牌和发牌，但是不关心牌本身是什么样的。

将代码分割成不同种类的对象可以让你站在更高（或更低）的角度上考虑游戏的每个部分。在本项目中，大部分时候我会用由下向上的方法向你展示代码的细节。

AD牌的规则

纸牌游戏——AD牌已经存在很长时间了。作为一个相对简单的游戏，它允许你在探究面向对象编程的同时可以学习编写一些略微负载的游戏规则或逻辑。这个游戏有很多的变种，因此让我先描述下你将会在这个项目里使用的规则。

庄家会从一套52张的标准牌开始（2最小，A最大）。本版本里花色（方块、红心等）不重要，庄家会洗牌并为游戏做好准备。

每位玩家都会有一堆筹码用来下注。在每一轮游戏开始，每位玩家都需要拿出（贡献）一个或多个筹码到庄家的金库里（金库有时也被称为筹码总额）。

接着庄家会给每位玩家发两张牌。在现实世界里，这些牌是面朝上的，因此所有人都能看得见。庄家会按照桌上玩家的顺序依次让它们下注第3张牌的大小是不是在前两张牌的大小之间。如果一名玩家持有一张红心3和一张黑桃10，那么这名玩家需要猜她的下一张牌是不是任意花色的4、5、6、7、8或9。她可以在0和她拥有的筹码数量之间下注，也可以使用庄家金库里的总筹码数，两者之间选取小的值。

接着庄家会翻开第3张牌。如果这张牌的大小处于前两张牌之间，玩家胜利，她可以从金库里拿走和她赌注一样大小的筹码。

如果翻开的牌的大小不在前两张牌的范围内（2、J、Q、K、A中的一个），玩家失败，她必须付给庄家和她赌注一样大小的筹码。

如果翻开的牌的大小正好是前两张牌的大小中的一个（3或者10），那么玩家就会失去双倍的赌注——哎呦！

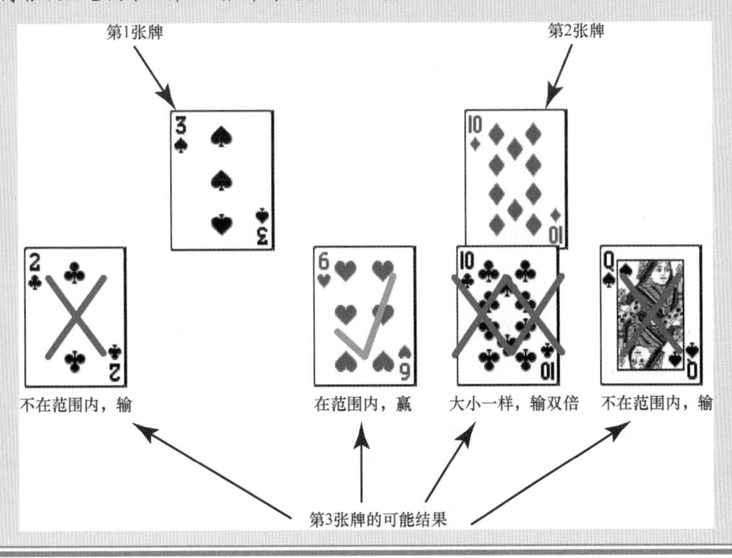

玩家会继续在桌上待着，直到每个人都结束了她的下注。这样第一轮就结束了，只要剩下的牌足够继续下一轮，玩家们就会一直玩下去。

在这个版本的游戏中，如果金库没有足够的筹码了，庄家会要求玩家再次贡献一些。如果一个玩家没有筹码了，她就从游戏里出局。

如果没有足够的牌完成一轮游戏或者除了一名玩家之外其他玩家都出局了，游戏结束。最后拥有最多筹码的玩家就是胜利者。

考虑一下程序的框架

本项目中的代码使用了很少量的类来表示纸牌游戏里的主对象。和你在其他项目里看到的一样，有一部分代码会被用来新建程序的主对象并让所有部分运作起来。你可能已经注意到了，随着本书的进展，用来载入和运行程序的代码变得越来越简单。

按照如下步骤新建主程序的代码：

1. 对于 AD 牌，acey.rb 文件将是你游戏的主程序文件。它会新建并使用其他的对象来运行这个纸牌游戏。从你的标准注释入手，让世界知道你的程序是做什么的：

```
#
# Ruby For Kids Project 9: Acey Deucy
# Programmed By: Chris Haupt
# A multiplayer card game where you try to guess
    whether the next card will be between two
    other cards, placing bets on the results
#
```

2. 在本项目中，你会用单独的源代码文件来存储你新建的每个类。程序员使用这个技术来使得文件更小、更容易管理。一旦一个文件的长度超过了一个屏幕的长度，它就变得难以阅读和维护了。Ruby 并不在意代码是在一个文件还是多个文件里，但是如果你使用不止一个文件，你需要给 Ruby 一个线索，让它知道去哪里找其他的文件。接着这样做：

```
require_relative "game"
require_relative "deck"
require_relative "card"
require_relative "player"
```

require_relative 告诉 Ruby 它提供的文件名和当前的代码处于相同的目录下。你可以把代码放在任何地方，然后告诉 Ruby 代码文件的路径，但是这里为了暂时保持事情简单，我们使用相同的文件夹。

3. AD 牌有两个常量可以用来调整这个游戏，因此接着添加它们：

```
STARTING_NUMBER_OF_CHIPS = 10
MINIMUM_PLAYERS          = 2
```

4. Acey.rb 文件的目的是初始化对象以及启动游戏。因此我们第一件要做的事就是设置玩家对象，询问一下程序的用户她希望模拟多少位玩家：

```
puts "Welcome to Acey Deucy"
print "Enter number of players: "
player_count = gets
player_count = player_count.to_i
```

Gets 返回一个字符串，因此你需要使用 to_i 方法来将一个字符串转换为数字。在做这个转换时，Ruby 会忽视空格字符，因此你不需要像之前那样使用 chomp 来去除末尾的换行符。

5. 确认一下已经获取了的玩家数量是否达到了最小值并准备一个数组来存储玩家对象。你会在之后添加这些代码的剩余部分。同样，在 else 条件里添加一条消息，让用户知道她需要选择一个新的玩家数量值：

```
if player_count >= MINIMUM_PLAYERS
  # Load up some players
  players = []
 # Add code to create players here
else
  puts "There should be at least
    #{MINIMUM_PLAYERS}"
end
```

6. 现在，回到 if 语句的主要部分并新建一些玩家对象。将这段代码添加到“Add code to create players here”注释那里：

```
(0...player_count).each do |index|
  print "Enter name for player ##{index + 1}: "
  name = gets
  name = name.chomp
  players << Player.new(name, STARTING_NUMBER_
    OF_CHIPS)
end
```

你应该能认出这里的大部分方法。你正在循环需要的次数来新建 player_count 个对象。对于每个玩家对象，你收集字符串输入作为玩家名字。之后你新建真正的 Player 对象并传入玩家的名字和筹码的数量以供其使用。

7. 你已经拥有足够的代码来新建主 Game 对象让它接手并运行游戏了。将下面的代码添加到新建玩家对象的循环下面：

```
game_engine = Game.new(players)
game_engine.show_player_chips
game_engine.play
```

你采取了 3 个步骤来启动游戏。首先，你从 Game 类里新建了 Game 对象。你将玩家数组传递给了游戏，Game 对象将会在程序的其余部分里负责管理玩家。第二，你使用 Game 对象的一个方法来打印初始的玩家集合，这是程序用户界面的一部分。最后，启动这个游戏。

新建类

AD 牌程序将会使用 4 个类来运行游戏。在本项目中，我会由下而上地向你展示每个类，从低层次的类开始，然后转向使用低层次类的高层次类。你应该将这个技术和你之前在其他项目里使用的由上而下法进行比较，哪种方法对你来说更合理?

新建 Card 类

AD 牌是一个纸牌游戏，所以你当然需要一个对象来表示牌的概念。Card 对象会知道它的花色和大小以及如何将自己和其他牌进行比较并计算出在游戏里哪张牌大，哪张牌小。因为你正在自下而上地处理你的代码，所以你需要考虑一下哪些功能是高层次类需要的。

1. 切换到 Atom，新建一个名为 card.rb 的文件。确保你将这个文件保存到了 acey.rb 主程序所在的相同目录下。新建类定义：

```
class Card
# Code goes here
end
```

2. 这个游戏使用了标准的游戏牌。新建两个数组分别用来保存牌的大小和花色，将它们放在类的里面：

```
SUITS = %w(Clubs Diamonds Hearts Spades)
RANKS = %w(2 3 4 5 6 7 8 9 10 Jack Queen
    King Ace)
```

这里你使用了简写的 %w 声（ ）语法用于在 Ruby 数组里保存一系列字符串。你也可以像 SUITS = ["Clubs"/"Diamonds"/"Hearts"/"Spades"] 这样写，但因为数组中的每个元素都只有一个单词（或者一个被当成单词的数字），所以简写语法可以节省很多打字的功夫。

3. 外部世界需要能够获取牌的花色和大小，因此使用 Ruby 的访问器函数：

```
attr_accessor :rank, :suit
```

访问器也可以在这个类中被使用。当你想要在程序的其他地方使用变量的值时，你会发现可以使用访问器，也可以使用实例变量（以 @ 符号开头）。对于你来说，这只是一个程序员的偏好问题。

4. 当牌被新建后，它会被指派大小和花色，因此新建一个 initialize 方法用来接收这些值：

```
def initialize(rank, suit)
  @rank = rank
  @suit = suit
end
```

5. 在程序的用户界面中，你会需要打印出这张牌是什么，根据 Ruby 命名方法的约定，新建一个方法来将一个对象作为字符串打印出来：

```
def to_s
  "#{rank} of #{suit}"
end
```

这里你使用了这两个变量的访问器。你也可以使用 @rank 和 @suit，这是你的选择。

几乎所有的 Ruby 对象都有一个 to_s 方法（它的意思是“to string”，转换为字符串）。有时候，内置的 to_s 方法的功能和你想的不一样，因此你可以向这里做的这样重新定义一个自己的方法来覆盖默认的行为。对于 Card 类，你只是使用字符串串接返回一个由花色和大小组成的字符串。

6. Ruby 有一个内置的方法用来比较两个值，它可以判断第一个值是否比第二个值小、大或相等。新建一个你以后会用到的用来新建游戏规则的比较方法：

```
# returns  -1 if card1 is less than, 0 if same
    as, and 1 if larger than card2
def self.compare_rank(card1, card2)
  RANKS.index(card1.rank) <=> RANKS.index(card2. rank)
end
```

这里有两个东西对你来说是新的：

- 方法定义里的 self 单词告诉了 Ruby 这个方法是一个类方法。一个类方法就是你的消息会发送给这个类本身，而不是类的实例（由类生成的对象）。当你需要编写一些与类相关但要在具体对象外部工作的代码时，这是非常有用的。
- <=> 符号（Ruby 称其为飞船操作符）是 Ruby 用来比较符号左边和右边的内容的操作符。对于这个程序来说，你使用了 Array 类的 index 方法来获取两张卡的大小值在 RANKS 数组里的位置。当你获取了那些数字后，你比较它们的位置来看第一张牌是否比第二张牌更小、更大或相等。

7. 你需要一个方法来新建一个由 52 张牌组成的集合并作为一整副牌。在类中新建一个工厂方法来做这个事情：

```
def self.create_cards
  cards = []
  SUITS.each do |suit|
    RANKS.each do |rank|
      cards << Card.new(rank, suit)
    end
  end
  cards
end
```

这是另外一个类方法，你可以调用它来新建一副牌。它包含两个循环：外部的循环遍历了 SUITS 数组，对于每个花色，内部的循环遍历 RANKS 数组来新建每张牌。这个方法返回了包含所有牌的数组，就像一副全新的牌。

程序员称用来新建对象的函数为工厂方法。我想这可能是因为工厂是一个制造东西的地方！

8. 在继续之前保存你的代码。

新建 Deck 类

Card 类新建了一副牌，但是它一点也不知道这一副牌能用来做什么。Deck 类会做这个工作。

1. 在和其他文件相同的目录下新建一个 deck.rb 文件。添加类定义：

```
class Deck
# Code goes here
end
```

2. 新建初始化方法来获取一个牌数组作为参数：

```
def initialize(cards)
  @cards = cards
end
```

3. Deck 类可以做的一件事是进行随机洗牌，因此添加这个方法：

```
def shuffle
  unless @cards.empty?
    @cards.shuffle!
  end
```

```
end
```

Ruby 中的 unless 关键词是 if 条件关键词的反义词。它的意思完全就是“如果不”。我在这个代码里展示给你看这个词，因为有时它会让代码变得更明白。如果你觉得它更难理解，那你只要将这行代码改成 if not @cards.empty?，它们的意思是一样的。

因为 @card 保存了一个数组对象，所以你可以使用所有的 Ruby 内置方法来实现你的项目。这里使用了数组方法 empty? 来查看数组里是否有牌剩余，如果是的，shuffle! 方法会随机地混淆这个数组。Ruby 的惯例是，如果一个方法返回一个布尔值，那么在方法名字的后面添加一个问号（?）；如果一个方法在某种程度上修改了相关对象，那么在其名字后面添加一个感叹号（!）。

4. Deck 类也可以被用来将牌传递给玩家（发牌），因此新建一个方法来实现这个功能：

```
def deal
  unless @cards.empty?
    @cards.pop
  end
end
```

5. 在一些纸牌游戏中，知道一副牌里还剩多少张是很重要的，因此新建一个方法来获得牌数组的大小：

```
def size
  @cards.length
end
```

6. 保存你的代码。

新建 Player 类

AD 牌的玩家包含一个名字、她手中持有的牌的数量、可以下注的筹码数以及当前下注的大小。

1. 新建 player.rb 文件并添加类定义：

```
class Player
# Code goes here
end
```

2. 玩家有一些属性你需要追踪并使用，因此为它们新建一个访问器：

```
attr_accessor :name, :hand, :chips, :bet
```

3. 接着，在本类中的初始化方法里，你需要设置一些初始值：

```
def initialize(name, chips)
```

```
    @name = name
    @hand = []
    @chips = chips
    @bet  = nil
  end
```

Nil 是 Ruby 用来描述一个变量里什么都没有的方式。在游戏的开始阶段，你通过使用 nil 来表示玩家当前没有下注这个事实。同理，注意玩家手上持牌数的初始值是一个空的数组 []。你将使用一个数组来保存玩家的牌（这个 Array 对象非常友好，不是吗？）。

4. 这个游戏需要一个方法来告诉用户扔掉她手上旧的牌并为下一轮做好准备：

```
def discard_hand
    @bet = nil
    @hand = []
end
```

你利用这个方法作为一个重置玩家赌注为 nil 的机会，因为每一轮都需要一个新的赌注值。

5. 庄家会发一张牌，玩家需要将牌拿在手上：

```
def take_card(card)
  @hand << card
end
```

6. 为了让游戏实现起来简单一点，赋予玩家能够将手中的牌从小到大排列的能力，因此，最小的牌总是第一张牌，最大的牌将是第二张牌：

```
def sort_hand_by_rank
    @hand.sort! do |card1, card2|
        Card.compare_rank(card1, card2)
    end
end
```

Ruby 的 Array 类真的很酷。这里你使用了 sort! 方法来将手牌排序，这样你就可以直接使用你之前新建的 Card 类的 compare_rank 方法。这么一点代码可以做很多工作。

7. 对于本游戏，如果玩家没有筹码，她就出局了，再也不能玩了。新建一个方法让游戏能够检查这一点：

```
def eliminated?
    @chips <= 0
end
```

理论上，玩家不能有小于 0 个筹码，但是我们这样检查只是为了防止我们在另外一个地方出现其他编程的错误导致筹码数小于 0。

8. 你需要有一些方法让玩家能够在她输了之后付账：

```
def pay(amount)
    if amount > @chips
        pay = @chips
        @chips = 0
    else
        pay = amount
        @chips -= amount
    end
    pay
end
```

这个代码处理了两种情况。首先你处理了第一种情况：当玩家拥有的筹码不足以支付赌债时，玩家将会付出她所有的筹码并将其筹码数置为 0；如果玩家有足够的筹码支付赌债，那么你只需要从她的筹码里减去赌债就行了。

9. 最后，如果玩家赢了赌注，你要能够将筹码送给她：

```
def win(amount)
    @chips += amount
end
```

10. 保存你的代码。

新建 Game 类

到目前为止，一切都很正常。你已经新建了所有的个体对象，它们可以让 AD 牌运作起来。该是开始编写游戏规则和用户界面的时候了。

1. 新建 game.rb 文件并定义类：

```
class Game
# Code goes here
end
```

2. 定义你想要访问的属性以及一些有用的常量：

```
attr_reader :players, :deck, :bank, :round
ANTE_AMOUNT = 1
```

Ante 是每轮开始每个玩家需要交给庄家的金币数，用来为庄家的金库筹集资金。

3. 这个类的初始化方法将设置一些实例变量，大多数你都可以通过步骤 2 里面的访问器访问：

```
def initialize(players)
    @players = players
```

```
        @deck = Deck.new(Card.create_cards)
        @deck.shuffle
        @bank = 0
        @round = 0
    end
```

players 数组是从 acey.rb 主程序里被传入 Game 对象的。Game 对象通过使用 Card 类和 Deck 类来配置牌以及所有其他的配置项。

4. 提供一个 Game 对象可以用的方法来判断是否有活着的玩家剩余。记住：在本游戏中，我们将那些仍然有足够筹码进行下一轮游戏的玩家称为活着的玩家。

```
    def remaining_players
        players.count {|player| !player.eliminated?}
    end
```

这个代码使用 Array 类的 count 方法来遍历数组中的每个元素。对于每个元素，它都调用 player 对象的 eliminated? 方法。如果它不是返回真，它会将计数值加一。这一行代码是一个很好的例子，它展现了如果你能充分利用 Ruby 的内置能力，那么 Ruby 的代码可以很精巧。

5. 新建主游戏循环。这个方法看起来超级长，但是它包含的都是一些用户界面代码，使用 puts 来打印一些消息供你查看：

```
    def play
        while deck.size > (players.length * 3) &&
        remaining_players > 1 do
            new_round
            puts "-" * 40
            puts "Round #{round}! The dealer has
        #{bank} chips."
            puts "-" * 40
            puts "Everyone antes"
            ante
            puts "The dealer now has #{bank} chips."
            deal_cards(2)
            sort_cards
            puts "---> Current cards:\n"
            show_cards
            puts "---> Players bet:\n"
            players_bet
            puts "\n---> Dealer deals one more
        card\n"
            deal_cards(1)
            show_cards
            puts "---> Determining results\n"
            determine_results
            puts "\n---> New standings\n"
```

```
            show_player_chips
            puts ""
        end
        game_over
    end
```

如果你忽略掉输出行，你就会发现剩下的方法调用其实表示了游戏规则的每个单独的步骤。你可以很容易地阅读它们并对游戏怎样进行有个了解。

游戏使用了一个 while 循环让游戏不断运行，一直到剩余的牌已经不够进行下一轮或只剩下一个玩家。

6. 在每轮开始的时候，游戏都会更新它的计数器并告诉玩家丢弃手上的牌：

```
def new_round
    @round += 1
    players.each do |player|
        player.discard_hand
    end
end
```

7. 接着，作为捐献步骤的一部分，每位玩家需要向金库贡献一个筹码：

```
def ante
    players.each do |player|
        if not player.eliminated?
            @bank = @bank + player.
    pay(ANTE_AMOUNT)
        end
    end
end
```

本代码中，我在条件判断里使用了 not 关键词。你也可以将这行写成 if !player.eliminated?，它们的含义一样。你可以使用你更容易理解的语法来编写代码。

8. 接着，庄家需要给与每位玩家发牌：

```
def deal_cards(num_of_cards)
    players.each do |player|
        next if player.eliminated?
        1.upto(num_of_cards) do
            player.take_card(deck.deal)
        end
    end
end
```

deal_cards 方法是友好的，因此它也能被用来发任意张牌给玩家。在 AD 牌里，你需要向玩家发两次牌：一次是最开始的两张，另一次是第 3 张牌，这个方法两种情况都适用。可复用是伟大的！

你可能已经意识到很多 Game 类的方法都采用了相同的编码模式。它们每个都先遍历 players 数组，然后通过发送一条消息给 player 对象（或其他对象）来采取某些行动。在 deal_cards 里，一个新出现的关键词是 next。如果追踪条件是真的，那么它会直接跳到下一次迭代。你不会想让 deal_cards 方法具备淘汰玩家的能力，因此如果玩家没有筹码，你在这一步里什么都不会做。

9. 当游戏已经给玩家发放了初始的两张牌后，你想让玩家将他们手里的牌排序，这样之后就能更容易地选出最小和最大的牌：

```
def sort_cards
    players.each do |player|
        next if player.eliminated?
        player.sort_hand_by_rank
    end
end
```

10. 现在，该是让玩家加入进来的时候了。你会询问每位玩家的下注量：

```
def players_bet
    players.each do |player|
        if player.eliminated?
            puts "#{player.name} passes. (Out of
    chips!)"
        else
            print "#{player.name} can bet between
    0 and #{max_bet(player)}: "
            bet = gets.to_i
            if bet < 0 || bet > max_bet(player)
                bet = 0
            end
            puts "#{player.name} bet #{bet}"
            player.bet = bet
        end
    end
end
```

没有足够筹码的玩家不会进行这一轮游戏，因此你会跳过他们。对于所有其他的玩家，你需要让他们下注一些筹码。每位玩家各自的赌注要么是金库里的总筹码数，要么是一个不超过玩家手上持有的筹码数的数字，两者选取小的那个。这个方法里的逻辑检查了这些游戏规则。注意一下 player 玩家接着是怎样用一段内存来存储这个行为最终的赌注的。

11. 新建辅助方法来判断一个玩家的最大可投注数：

```
def max_bet(player)
```

```
    [player.chips, bank].min
end
```

这个方法使用了一个 Array 类的方法。它会查询数组的内部并找到数组中最小的(min)数组，并返回它。这里，你使用了一个小技巧来找到两者之间小的那个值。

12. 新建一个用户界面方法来展示所有玩家当前的筹码数量：

```
def show_player_chips
    players.each do |player|
        if player.eliminated?
            puts "#{player.name} has been
    eliminated"
        else
            puts "#{player.name} has #{player.
    chips} chips"
        end
    end
end
```

13. 新建另一个用户界面方法来查看玩家的牌：

```
def show_cards
    players.each do |player|
         puts "Player #{player.name}"
         if player.eliminated?
              puts "Has been eliminated!"
         else
              player.hand.each do |card|
                   puts card.to_s
              end
         end
         puts ""
    end
end
```

14. 也许整个游戏最复杂的方法就是用来执行游戏规则并判断一个玩家是否出局的方法。我会略微分解一下这个方法：

```
def determine_results
    players.each do |player|
        if not player.eliminated?
            low_card = player.hand[0]
            high_card = player.hand[1]
            middle_card = player.hand[2]
```

对于每个仍在游戏里的玩家，获取玩家的牌。记住：你将数组里前两张牌进行了排序，hand 数组里最后一张牌就是“第三”张牌，要赢的话，第三张牌的大小应该在另外两张牌的大小之间。

15. 编写 3 个条件判断集来检查每个游戏规则。如果 if 和 elsif 语句里条件成真了，就计算一下玩家需要支付多少筹码；剩余的情况就是玩家胜了。

```
if Card.compare_rank(low_card, middle_card) == 0
    || Card.compare_rank(high_card,middle_
    card) == 0
    puts "#{player.name} got an exact match, loses
    twice the bet!"
    chips = player.pay(player.bet * 2)
elsif Card.compare_rank(middle_card, low_card) < 0
    || Card.compare_rank(middle_card, high_card) > 0
    puts "#{player.name} wasn't inbetween loses
    the bet!"
    chips = player.pay(player.bet)
else
    puts "#{player.name} wins bet!"
    chips = -player.bet
    player.win(player.bet)
end
```

在每种情况下，保存筹码的变化量，这样你才能接着调整庄家金库中的筹码数。在胜利那种情况下，你需要将玩家的赌注从金库里减去，这也是为什么你在 else 情况下存储负值筹码的原因。

16. 根据玩家的胜负情况调整金库。如果金库“ 没有足够筹码了”，规则要求每位玩家再次贡献金币，直到金库的筹码数恢复为正数。

```
            @bank = @bank + chips
            if @bank <= 0
                puts "Dealer is out of chips,
    everyone needs to ante up!"
            end
            while @bank <= 0
                ante
            end
        end
    end
end
```

17. 你回到主框架代码了！添加一个方法在游戏结尾显示最终的消息：

```
def game_over
    puts "Game Over!"
    players.sort! do |player1, player2|
        player1.chips <=> player2.chips
    end
    puts "The winner is #{players.last.name}"
end
```

这里，你再次使用了 Array 类的 sort! 方法以及飞船操作符来让玩家根据他们的筹码数排序，从低到高。数组里最后的玩家就是拥有最多筹码的玩家。

18. 保存并测试你的项目。修正任何拼写错误，尤其当心本类中那些冗长的行。游戏应该可以运行，它会设置一些玩家，并且在牌被用完了或者有人成为最后拥有筹码的玩家之前都可以进行下注（见图 9-1）。

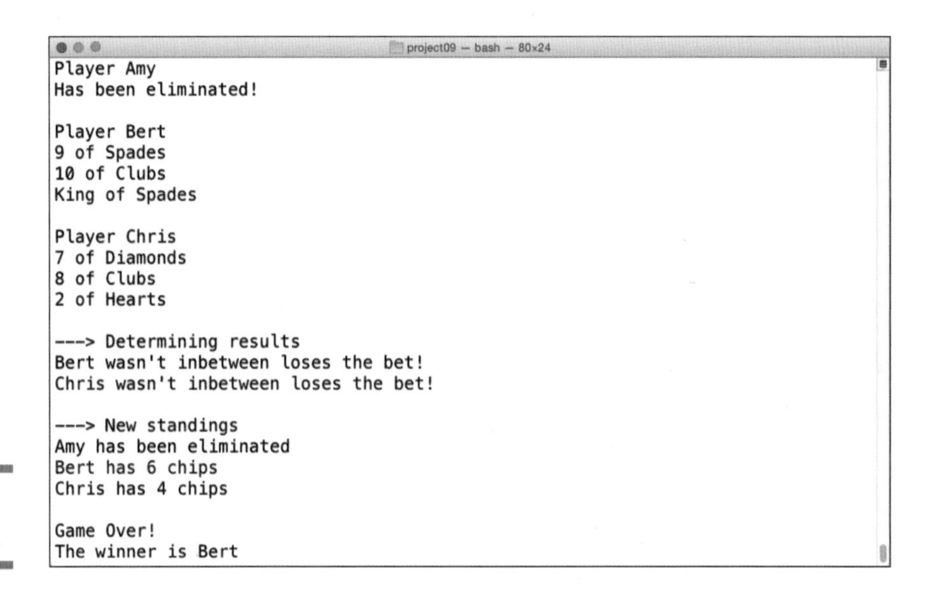

图 9-1

进行中的 AD 牌游戏。

尝试一些实验

现在，你拥有一些可以被用于纸牌游戏的对象，你可以尝试使用一些不同的规则来制作你自己的游戏。

这里有一些你可以尝试的事情，你可以用它们来测试你对 Ruby 的理解程度：

- Game 类中的很多循环都使用了 next 关键词。怎样不使用 next 关键词改写这些代码呢？
- 改变游戏的规则，玩家只会在游戏开始和金库告罄时才会贡献筹码。这样的规则会让游戏变成什么样？
- 检查某个玩家是否有足够的筹码来进行那一轮。她需要至少 ANTE+1 个筹码，为什么？

- 这个游戏版本首先发放了两张牌给每个玩家，然后为所有玩家执行一个轮次。如果你只发放两张牌给一个玩家，让他们下注，然后才继续下一个玩家，这有什么区别？公平吗？
- 你怎样将游戏修改成牌无限多，当某套牌的最后一张牌被耗尽时，你应该从哪里着手开始生成一套新的牌？

第四部分

利用共享代码获取图形化能力

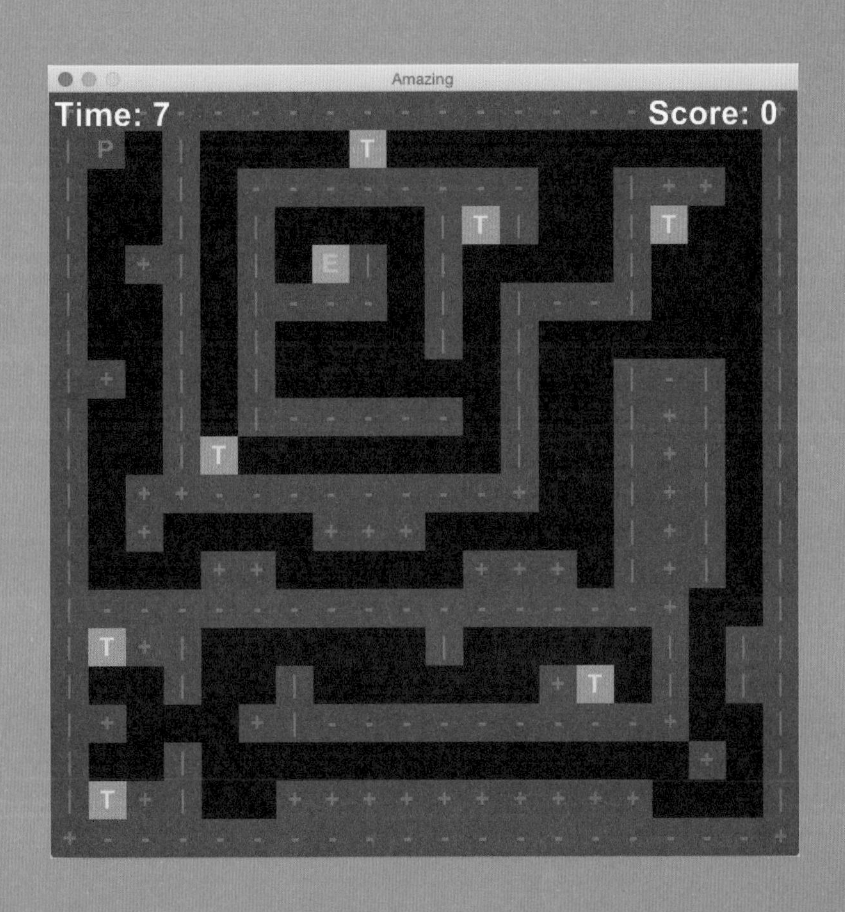

在本部分中…

- ☐ 迷宫寻宝
- ☐ 汉诺塔
- ☐ 生命游戏

项目十
迷宫寻宝

该是跳入图形程序和真正的用户界面的时候了。到目前为止，你已经编写了一系列项目，它们通过将输出打印到终端来和代码的用户互动。ASCII 图形是有趣的，但是构建一个包含可以让用户互动的彩色图像的项目会更加有趣。

在本项目中，你会构建一个简单的迷宫探险和宝藏收集游戏。你可以使用直白的文本字符串来设计你喜欢的任何迷宫。事实上，这些文本看起来有点像 ASCII 图形！但是在本项目中，你的代码会把它转换为一个图形并用不同的颜色砖块把它绘制出来。玩家会在迷宫中移动并尝试尽可能地在短时间内收集宝藏。

筹备一个新项目

在这个项目里，你将使用 Atom 来新建和编辑你的程序，和其他项目不同，这个程序的源代码会被保存在 5 个不同的文件中，每一个文件都是一个类。每个文件都会以它包含的类的名字命名，所有的文件都会被存在相同的项目目录里。你将继续使用终端程序来运行、测试你的代码，但是这一次的项目会创建它自己的窗口用于运行游戏。

如果你还没有新建 development 文件夹，参考项目二中的指令。

1. 启动你的终端程序，然后进入开发文件夹：

```
$ cd development
```

2. 为本项目新建一个目录：

```
$ mkdir project10
```

3. 切换到新的目录：

```
$ cd project10
```

4. 双击 Atom 图标启动 Atom。

5. 选择 File⇨New File 来新建第一个源代码文件，选择 File⇨Save 保存文件，然后把它们存入到 project10 目录下，命名为 amazing.rb。当你一步一步跟着这个项目进行，你会在相同的目录里新建所有其他的文件。

6. 这个项目使用了你在第一章（项目一）里安装的图形游戏库，Gosu。如果你不确定你是否安装了它，那就在你的终端程序里运行下面的命令：

```
$ gem list
```

你应该可以看到一个列表，Gosu 的版本信息应该在其中（见图 10-1）。如果没有，回顾项目一，然后按照它里面的指令安装 Gosu。

如果你对这些步骤存在疑惑，参考项目四里的“筹备一个新的项目”章节。它提供了更详细的步骤。

做好准备探索这个迷宫并收集宝藏！

在列表中寻找gosu

```
project10 — bash — 80×24
Christophers-MacBook-Pro:project10 chaupt$ gem list

*** LOCAL GEMS ***

bigdecimal (1.2.0)
CFPropertyList (2.2.8)
gosu (0.9.2)
io-console (0.4.2)
json (1.7.7)
libxml-ruby (2.6.0)
minitest (4.3.2)
nokogiri (1.5.6)
psych (2.0.0)
rake (0.9.6)
rdoc (4.0.0)
sqlite3 (1.3.7)
test-unit (2.0.0.0)
Christophers-MacBook-Pro:project10 chaupt$
```

图 10-1

确认 gosu 在你的 Ruby Gem 列表里出现。

规划这个项目

随着你项目产量的增加，你可能已经注意到你编写的 Ruby 代码越来越长。有经验的程序员在处理大项目时，不管是一个人还是和团队成员，他们通常都会把代码分割到不同的文件里，每个文件都会包含某个具体的功能。在本项目中，你会开始使用这个技术，并把每个类都放到单独的源代码文件里（大多数情况下）。

本项目的目标是让你构建一个简单的 2D 游戏，玩家会在一个像迷宫一样的面板里移动，并在尽可能短的时间里收集宝藏并到达出口。让我们分析一下对于这个项目我们需要哪些对象。

- 你需要一个主对象来配置和启动游戏。这个主类的工作就是连接游戏库 Gosu，这样你就能使用 Gosu 的能力了。
- 你也会需要另一个对象用来表示游戏本身。游戏对象将会负责设置玩家对象和游戏面板（我称之为一个关卡，虽然我们现在只有一个关卡可以入手）。游戏对象也会负责玩家和面板显示，这个游戏对象会显示一个游戏界面，其中包括一个计时器和玩家当前的分数。

- 面板对象负责获取你提供的来描述面板是什么样的数据并设置一些图形砖块来组织你的设计。面板管理迷宫内部的移动并决定对于玩家来说怎样才是有效的移动。
- 玩家对象实际上将是一个特殊的方块对象。方块对象是一个知道如何在游戏面板上绘制自己的对象。对于这个项目来说，你将会拥有一些不同类型的方块（墙、宝藏、出口、玩家，等等）。

为了让这个项目尽可能简单。我会保证只使用这里列出的对象，但是随着你的深入，你可能应该开始考虑使用不同的方法来优化你编写的对象。

什么是游戏引擎?

Gosu 代码库是一个相对简单的 2D 游戏引擎，它对构建很多不同类型的游戏非常有用。但是游戏引擎是什么呢?

暂时而言，将一个游戏引擎考虑成代码的集合，它负责处理在编写一个游戏程序时所有的无聊的动作行为，这样你就可以只关注游戏的部分。

无聊的动作是什么意思呢? 这意味着你不需要编写很多通用的代码，相反，引擎会替你解决这些事情。好的引擎会包含很多代码：绘制图形和位置、获取用户的输入、播放音效和音乐、通过计算逼真的模拟物理移动和碰撞支持多玩家交流以及一些其他的能力。

在你运行程序时，一个游戏引擎一般会涵盖多个步骤。它首先配置游戏环境、初始化图形支持和游戏需要的数据，然后载入一些可能需要的其他资源（例如声音）。之后引擎会进入到被称为游戏循环（game loop）的步骤。游戏循环和你之前学过的循环很像，它从游戏开始的时候开始执行，直到游戏结束。在循环内部有两个主要部分。更新部分会对玩家输入或者游戏数据的改变做出反应；绘制部分是在所有的用户画面更新后，引擎会根据游戏数据绘制最新的图像（见下图）。

在本项目中，在游戏循环的更新部分中，你将使用你键盘上的方向键作为输入并决定怎样移动玩家。你也会更新计时器来告诉玩家她玩了多长时间。

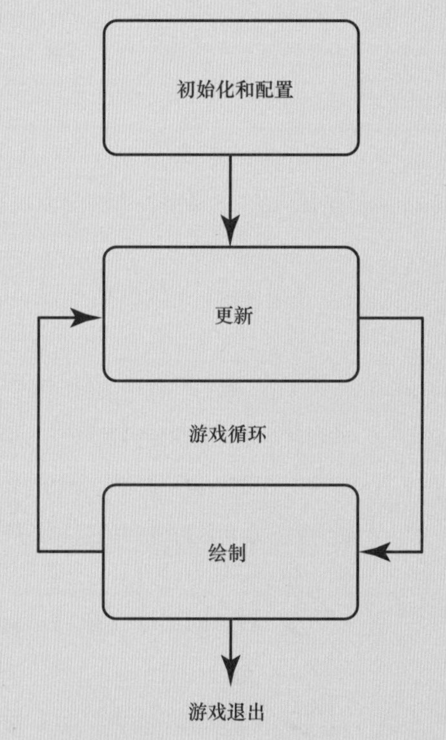

在循环的绘制部分，Gosu 会被用来绘制这个迷宫以及它上面的各个部分、打印分数、当前经过的时间、什么时候游戏结束以及打印最终的游戏结束消息。

考虑程序的框架

本项目会使用少量的类来协调所有需要的对象并构建一个简单但是非常灵活的游戏。代码的主入口会新建所有需要的对象并设置好 Gosu 库。

1. Amazing.rb 源文件是你的程序的入口。添加一些注释来识别这个文件，但同时也编写一些笔记来帮助人们知道怎样运行程序。因为本项目会有多个文件，所以这个笔记可以给你一些提示，以免你忘记了哪个文件是哪个。

```
#
# Ruby For Kids Project 10: A-maze-ing
# Programmed By: Chris Haupt
# A mazelike treasure search game
#
# To run the program, use:
# ruby amazing.rb
#
```

2. 向 Ruby 提供一个提示，告诉它哪些外部代码将被用到：

```
require 'gosu'
```

Ruby 不会自动知道你在其他文件里新建的代码或你可能载入的额外的 Ruby gems。require 行会告诉 Ruby 在标准的系统路径下查找并载入 gosu。

3. 新建一个 Amazing 类作为 Gosu 中 Window 类的子类，这会将你的项目连上 Gosu，使你拥有使用 Gosu 的能力：

```
class Amazing < Gosu::Window
def initialize
    super(640, 640)
    self.caption = "Amazing"
    # More code will go here
  end
# Even more code will go here
end
```

这个类的 initialize 方法新建了一个 640 像素 x640 像素的矩形窗口，它也设置了窗口的标题（说明文字）。

4. 新建一个类的实例并调用 Gosu 的 show 方法展示这个窗口使游戏运行起来。将这些代码放在最后的 end 关键词的后面：

```
window = Amazing.new
window.show
```

5. 保存你的代码并在你的终端窗口里执行 $ ruby amazing.rb 来运行它。你应该会看到如图 10-2 所示的一个方形的黑窗口。如果没有，检查一下在终端窗口里的错误消息或拼写错误。如果你没有安装 Gosu gem，你可能需要先安装它。

如果要退出，只需要关闭这个窗口或在终端里按下 Ctrl+C。

图 10-2

如果你看到了一个空白的窗口，说明 Gosu 已经在运行了。

新建占位类

除了你已经编写的 Amazing 类，还有其他 4 个类。每个类都会被放到它自己的文件里，然后使用 Ruby 的 require 功能将它们连接起来。

Game 类

Game 类负责配置一切内容并管理可能被其他类需要的更新和绘制事件。

1. 切换到 Atom 并在和 amazing.rb 文件相同的目录下新建一个名为 game.rb 的文件。添加 requrie 函数来将这个类连接到项目里的其他类：

```
require 'gosu'
require_relative 'level'
```

```
require_relative 'player'

class Game
    LEVEL1 = []
```

你已经见过 require 函数了。这个 require_relative 函数用来告诉 Ruby 载入和使用的内容和当前文件在同样的目录下。你会在之后设计迷宫的时候填充常量 LEVEL1 的值。

2. 定义初始化方法：

```
def initialize(window)
  @window     = window
  @player     = Player.new(@window, 0, 0)
  @level      = Level.new(@window, @player, LEVEL1)
  @font       = Gosu::Font.new(32)
  @time_start = Time.now.to_i
end
```

这个方法根据你已经编写的代码准备了一些实例变量。@font 变量的赋值看起来有点奇怪——它使用 Gosu 库新建了一个新对象。Font 对象是 Gosu 绘制文字用的。你会在之后的用户界面（UI）里用到它。@time_start 实例变量使用了 Ruby 的 Time 类来获得当前的时间，然后把它转换为一个整数（to_i 方法），它代表了从开始到现在经过的秒数。

3. 在游戏循环里设置一些相关的桩方法然后结束这个类：

```
  def button_down(id)
  end
  def update
  end
  def draw
  end
end
```

这些方法是使用 Gosu 时候的标准函数。Button_donw 方法会在检测到用户在键盘上按下了某个键后起作用。你是用 update 来修改游戏的数据（包括根据用户的输入更新方块）。Draw 方法会被用来告诉所有内容绘制自己。

4. 保存代码。

Level 类

Level 类负责游戏面板和它的内部。这个类会根据你传入的文本描述绘制一个迷宫。

1. 在 Atom 里，在与 amazing.rb 相同的目录下新建一个名为 level.rb 的文件。添加初始的 Ruby require 函数和类定义：

```
require 'gosu'
```

```
require_relative 'tile'
require_relative 'player'

class Level
```

2. 这个初始化函数有点长，很大程度上是因为你需要存储很多数据。我会在之后的章节里解释其中的大多数变量：

```
def initialize(window, player, level_data)
  @window        = window
  @tiles         = []
  @player        = player
  @level_data    = level_data
  @total_rows    = 0
  @total_columns = 0
  @exit_reached  = false
  if @level_data
    @total_rows   = @level_data.length
    if @total_rows > 0
      @total_columns = @level_data.first.length
    end
    setup_level
  end
end
```

大多数变量设置的意思都是一目了然的（即使你还不知道它们是什么）。最后的部分有点复杂。它会检查是否有提供面板数据，如果有，就在配置面板之前计算这个数据的总行数和总列数。

迷宫寻宝项目的游戏面板是一个网格，把它想象成一个象棋棋盘或方格纸。你将会给每个网格里的方块填充墙、空白或者其他的游戏碎片（如入口、出口、宝藏和玩家）。这个布局可能跟在数学课上做过的绘图有点不一样。行是 Y 轴，在你的方格纸上垂直向下。第一行被标记为 0，然后随着你在纸上下移它会越来越大。网格的列水平穿过方格纸，它是你的 X 轴，它也是从 0 开始计数并随着你向右移动而变大。这个坐标系统是 Gosu 工作的一般方式（见图 10-3）。

3. 现在设置 setup_level 方法的桩代码：

```
def setup_level
end
```

4. 设置标准游戏循环方法的桩代码，然后结束这个类：

```
def button_down(id)
end
def update
end
```

```
  def draw
  end
end
```

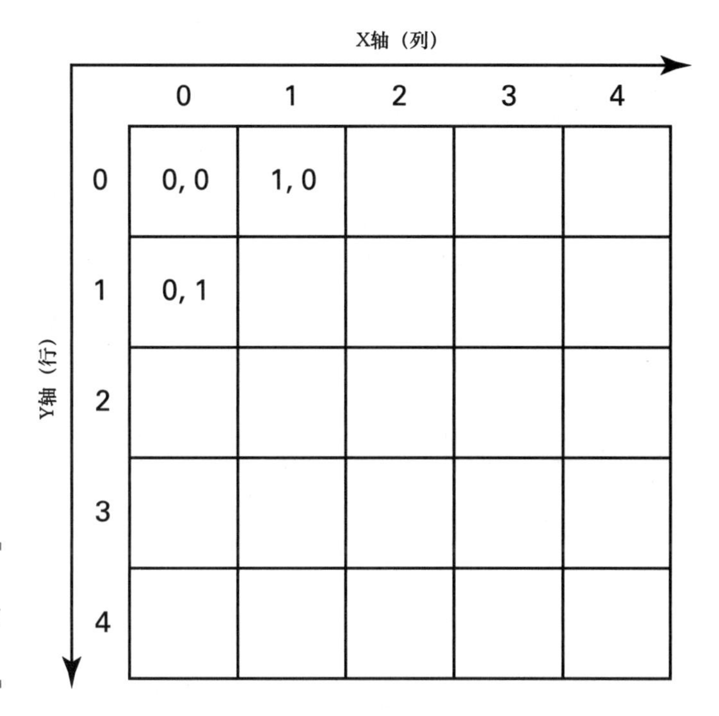

图 10-3

Gosu 的坐标系统和面板对象的方块布局。

5. 在继续下一个占位类之前保存你的代码。

Tile 类

Tile 类代表了在游戏面板（关卡）上可见的部分。根据自己的类型，它会知道怎么绘制自己。在本项目中，你使用了一个简单的方法来表示方块的类型（例如：墙、空、出口、宝藏，等等）。

1. 在 Atom 中、在与 amazing.rb 文件相同的目录下新建一个 tile.rb 文件。添加 require 行并定义类：

```
require 'gosu'

class Tile
```

2. 设置一些常量，它们会被用来明确地指出方块是什么不同的类型以及它们在屏幕上有多大：

```
PLAYER_TYPE   = 'P'
START_TYPE    = 'S'
EXIT_TYPE     = 'E'
TREASURE_TYPE = 'T'
EMPTY_TYPE    = '.'
WIDTH = 32
HEIGHT = 32
```

在你的面板设计里，你将使用这些符号来在地图上放置对象。任何不能识别的符号都会被认为是墙。

3. 添加一个属性访问器，让代码的其他部分更方便地使用方块变量：

```
attr_reader :row, :column, :type
```

4. 为方块定义一个初始化方法：

```
def initialize(window, column, row, type)
  @@colors ||= {red: Gosu::Color.argb(0xaaff0000),
    green: Gosu::Color.argb(0xaa00ff00),
    gold: Gosu::Color.argb(0xaaffff00),
    blue: Gosu::Color.argb(0xaa0000ff)}
  @@font ||= Gosu::Font.new(24)
  @@window ||= window
  @row    = row
  @column = column
  @type   = type
  @hidden = false
end
```

这个方法不仅设置了一些任何个体类会需要的基本实例变量（例如 @row 和 @column），它也新建了一些共享的类变量。

||= 符号由两个竖线和一个等号组成。竖线有时也会被称为管道（pipes）。

Ruby 的类变量以两个 @ 符号开头（@@）并会被这个类的所有实例共享。在本程序中，你只需要一个颜色哈希表来查询外观。同样地，用于绘制的字体和窗口也可以在所有方块对象里共享。使用类变量很方便并且能节省一些内存。可能这里最复杂的变量是 @@colors。||= 符号表示如果这个变量还没有值，就给它赋值；否则，就什么都不做。@@color 变量被赋予了一个 Ruby 的哈希表，颜色的名字作为了键，它们的值使用 Gosu 通过一个十六进制的数字来定义颜色。你可以放置数字和字母 A-F 到那个值来改变方块的颜色。

5. 为 draw 方法设置桩代码，并结束了个类：

```
  def draw
  end
end
```

6. 在继续之前保存你的代码。

Player 类

Player 类是一个特殊的方块类。你可以分离出很多不同的特殊的方块，但是我想要向你展示其中一个，你会用它来追踪玩家的位置和分数。

1. 在 Atom 里，在本项目的其他文件旁边新建一个名为 player.rb 的文件。添加标准的 requires 语句和类定义：

```
require 'gosu'
require_relative 'tile'

class Player < Tile
```

因为 player 是 tile 类的子类，所以你要使用你之前见过的子类的语法。

2. 提供一个只读的访问器来访问玩家的分数：

```
attr_reader :score
```

3. 为对象设置一个初始化函数并用 end 关键词结束这个类：

```
def initialize(window, column, row)
    super(window, column, row, Tile::PLAYER_TYPE)
    @score = 0
  end
end
```

基本上，它只是使用了 super 关键词调用了父类。你向父类传入了方块的类型（ 使用了你之前设置的对应的常量），然后将初始分数设置为 0。

4. 在继续之前保存这个文件。现在你可以尝试运行你的代码，但是除了一个空白的屏幕以外你什么也看不到。如果你在终端里看到了一些错误消息，请在继续之前修复它们。

编写 Amazing 类的方法

对于这个项目，你将采取由上而下的方法来感受一下 Gosu 库的游戏循环是怎样运作的。Amazing 类是一切的开始，因此我们从这里着手。

1. 在 amazing.rb 文件的内部、在其他的 require 下面添加 require_relative 调用：

```
require_relative 'game'
```

2. 在 initialize 方法中，设置 caption 之后，新建一个 game 对象（如下）：

```
self.caption = "Amazing"
@game = Game.new(self)
```

3. 在 Amazing 类里、initialize 方法的下方添加 Gosu 相关的游戏循环方法：

```
def update
  @game.update
end

def draw
  @game.draw
end

def button_down(id)
  @game.button_down(id)
end
```

4. 继续之前保存文件。

编写 Game 类的方法

Game 类会包含用来描述面板的数据和一些方法来帮助生成游戏界面。

1. LEVEL1 常量首先出现了。这个常量是一个由 20 个字符串组成的数组。每个字符串都由 20 个字符组成。如果你在 Atom 里输入这个字符串并且把它们对齐，它看起来就像一张地图。

```
LEVEL1 = [
  "+------------------+",
  "|S.|....T..........|",
  "|..|.--------..|++.|",
  "|..|.|....|T|..|T..|",
  "|.+|.|.E|.|....|...|",
  "|..|.|---.|.|--|...|",
  "|..|.|....|.|......|",
  "|+.|.|......|..|-|.|",
  "|..|.|-----.|..|+|.|",
  "|..|T.......|..|+|.|",
  "|.++--------+..|+|.|",
  "|.+....+++.....|+|.|",
  "|...++.....+++.|+|.|",
  "|---------------+..|",
  "|T+|......|.....|.||",
  "|..|..|......+T.|.||",
  "|+...+|---------+..|",
  "|..|.............+.|",
  "|T+|..++++++++++...|",
  "+------------------+"
]
```

这里几个关键的符号是：句点（.）表示空格，S 表示玩家开始的地方，E 表示迷宫的

出口,T 表示宝藏标记。你可以使用任何你喜欢的符号来表示墙。我在这里利用 |、-、+ 符号让地图更加 ASCII 艺术化。

不开玩笑！危险！

你可以随意改变这张地图，但是它必须是 20 个由 20 个字符组成的字符串数组！除了最后一个字符串，数组里其他的字符串都必须以逗号结尾。

2. 替换你之前为游戏循环方法设下的桩代码：

```
def button_down(id)
  @level.button_down(id)
end

def update
  @level.update
  if !@level.level_over?
    @time_now = Time.now.to_i
  end
end
def draw
  @level.draw
  draw_hud
end
```

大多数情况下，它只是向下调用了 level 对象来处理事情。在 update 方法里，你也会一直追踪当前时间，知道玩家什么时候到达迷宫的出口，你会在头部显示器（HUD）里用到这个经过的时间。HUD 用来显示用户界面中重要的游戏信息。在本项目中,HUD 将包含当前的分数和时间。

3. 绘制 HUD：

```
def draw_hud
  if @level.level_over?
    @font.draw("GAME OVER!", 170, 150, 10, 2, 2)
    @font.draw("Collected #{@player.score}
    treasure in #{time_in_seconds} seconds!",
    110, 300, 10)
  else
    @font.draw("Time: #{time_in_seconds}", 4, 2, 10)
    @font.draw("Score: #{@player.score}", 510, 2, 10)
  end
end
```

这个方法会根据关卡是否结束（玩家是否到达出口）来调整它绘制的内容。如果游戏仍在进行，这个方法会使用 Gosu 的字体 draw 方法来在屏幕上方的角落绘制文字；如果关卡已经结束，这个方法则会打印一条游戏结束的消息和最后的分数。

调用 @font.draw 方法时使用的前 3 个数字参数代表了 x、y 和 z 轴的位置（不，这个游戏不是 3D，但是 z 轴被用来判断物品在绘制的时候怎样堆砌）。另外两个数字在游戏结

束消息里使用的数字是用来扩大消息的尺寸的。在本例中，这个文本将是2倍高、2倍大的。

4. 添加一个辅助函数来计算从游戏开始后经过的秒数。还记得你每次进入 Gosu 游戏循环都会捕捉当前的游戏时间吗？

```
def time_in_seconds
  @time_now - @time_start
end
```

5. 在继续之前保存你的代码。

编写 Level 类方法

Level 类扮演了整个游戏里最辛苦的部分，它管理了所有显示游戏面板需要的对象。

1. 在 level.rb 文件里，将 setup_level 方法的桩代码替换为将面板的字符串数组描述转译成 Tile 对象的代码：

```
def setup_level
  @level_data.each_with_index do |row_data, row|
    column = 0
    row_data.each_char do |cell_type|
      tile = Tile.new(@window, column, row,
    cell_type)
      # Change behavior depending on cell_type
      if tile.is_start?
        @player.move_to(column, row)
      end
      @tiles.push(tile)
      column += 1
    end
  end
end
```

这段代码使用了两个新的方法，但是它们的理念是相似的。Each_with_index 方法是一个循环方法，它和你之前使用的原始的 each 方法很像。除了将下一个对象传入这个代码块，它也会传入对象的索引号（表示它在数组内部的位置）。你需要知道你正在处理哪一行，这是一个获取这个信息的友好的方法。

在外部的循环里，当你考虑每一行的字符串时，你也要追踪它们的列数（还记得我之前使用的方格纸的比喻吗？）

再一次，你使用字符串的 each_char 方法遍历那一行的每个字符。每个具体的字符都代表了一种你想要构建的方块的类型。

在搭建了方块后，你需要检查它是否是玩家的起始位置。如果是的，你要获取那个方块的坐标并且把玩家对象移动到那个位置。

最后，你使用 push 方法将方块添加到 @tiles 数组里，然后将列计数加一并继续处理这个字符串里的下一个字符。

2. 如果移动是有效的，则用移动玩家的代码来替换 button_down 方法：

```
def button_down(id)
  if level_over?
    return
  end
  column_delta = 0
  row_delta = 0
```

首先，检查看下关卡是否真的结束了。如果玩家到达了迷宫的出口，你要忽视掉任何移动行为，因为游戏已经结束了；如果关卡没有结束，你要计算移动的方向，将变量设置为 0 表示“在那个方向上没有移动”。

3. 如果 Gosu 检测到用户输入：

```
if id == Gosu::KbLeft
  column_delta = -1
elsif id == Gosu::KbRight
  column_delta = 1
end
if id == Gosu::KbUp
  row_delta = -1
elsif id == Gosu::KbDown
  row_delta = 1
end
```

如果玩家按下了键盘上的某一方向键，Gosu 会向你的方法传入一个那个按键的 ID。你使用 Gosu 提供的常数来查看是哪个按键被使用了。移动行为需要一些数学知识。如果玩家想要向左移动，那么其想要移动到的列的号应该比当前的列号小一，所以你使用 -1；如果玩家想要向右移动，列号则会大一（如果你仍然对本项目中使用的坐标不是很确定，请参考图 10-2）。

相同的技术会在处理迷宫内向上或向下移动的时候被使用。

Delta 是一个程序员用来描述某些事物发生改变的词。这里我用它来表示行数和列数的变化。

4. 现在计算一下这次移动是不是有效的。毕竟你不想让玩家能够穿墙！如果移动没有问题，就将玩家移动到新的位置，然后获取那个新的位置并检查玩家是否到达了迷宫的尽头或者可能找到一些可以捡起来的东西：

```
if move_valid?(@player, column_delta, row_delta)
    @player.move_by(column_delta, row_delta)
    tile = get_tile(@player.column, @player.row)
    if tile.is_exit?
      @exit_reached = true
      tile.hide!
    else
      @player.pick_up(tile)
    end
  end
end
```

注意，如果玩家移动到了出口方块，你会用一个实例变量记录下来（隐藏这个出口方块让它看起来好看些）。

5. 添加一个辅助函数，它被用来通过坐标找到一个方块：

```
def get_tile(column, row)
  if column < 0 || column >= @total_columns
    || row < 0 || row >= @total_rows
    nil
  else
    @tiles[row * @total_columns + column]
  end
end
```

这个条件判断包含了检查请求的坐标是否在网格之外的逻辑。如果请求不正确，这个方法只会返回 nil；如果这个请求没有问题，那么它会计算并从 @tiles 数组里抓取那个方法。这个数学方法看起来有点独特，但是这是用来从一个像你使用的单一的网格数组里找一个物品所必须的。

6. 接着，编写一个方法来检查玩家的移动是否有效：

```
def move_valid?(player, column_delta, row_delta)
  destination = get_tile(player.column +
    column_delta, player.row + row_delta)
  if destination && destination.
    tile_can_be_entered?
    true
  else
    false
  end
end
```

这个方法通过添加她的移动变化量（delatas）到她当前的位置来计算玩家想要移动到哪里，然后使用一个 tile 对象里的辅助方法来检查它是不是可以移动到这个地方。

7. 提供一个可以通过其他方法使用的用于检查关卡是否被完成（玩家到达出口）的方法：

```
def level_over?
```

```
  @exit_reached
end
```

8. 最后，更新 draw 方法来展示所有的方块和玩家：

```
def draw
  @tiles.each do |tile|
    tile.draw
  end
  @player.draw
end
```

9. 保存你的代码。这个类可能是整个项目里最复杂的类。在继续之前呼吸点新鲜空气吧！

编写 Tile 类方法

Tile 类通常只知道自己的位置以及怎么绘制自己。你也会利用一些辅助函数来了解方块的类型。

1. 进入 tile.rb 文件，使用绘制方块的代码替换 draw 的桩代码：

```
def draw
    if tile_is_drawn? && !hidden?
      x1 = @column * WIDTH
      y1 = @row * HEIGHT
      x2 = x1 + WIDTH
      y2 = y1
      x3 = x2
      y3 = y2 + HEIGHT
      x4 = x1
      y4 = y3
      c = color
      @@window.draw_quad(x1, y1, c, x2, y2, c,
    x3, y3, c, x4, y4, c, 2)
      x_center = x1 + (WIDTH / 2)
      x_text = x_center - @@font.text_width
    ("#{@type}") / 2
      y_text = y1 + 4
      @@font.draw("#{@type}", x_text, y_text, 1)
    end
  end
```

这看起来很复杂，但它几乎是用来绘制中心带有文本的方块的所有代码。首先，检查一下它是不是应该被绘制。有一些方块，例如空方块类型应该是空白的。有些方块可能是隐藏的，代码也会忽视这些方块。

其他情况下，Gosu 库的 draw_quad 方法会被用来绘制一个矩形。你需要给出这个形状每个角落的坐标。X1 和 y1 是方块左上角的坐标，剩余的变量按照顺时针一样工作。

文字的坐标变量会尝试找出那个方块的中点并绘制这个类型使用的字母。

注意这个方法里所有的标点符号——它有很多的符号存在，这很容易导致拼写错误。如果你在之后测试代码的时候出现了错误，检查你的代码是否完全一致。

2. 添加一个方法来根据方块的类型查找应该用哪种颜色来绘制它：

```
def color
  if is_player?
    @@colors[:red]
  elsif is_exit?
    @@colors[:green]
  elsif is_treasure?
    @@colors[:gold]
  else
    @@colors[:blue]
  end
end
```

这只是一个很大的条件语句，它用来找出应该从 @@colors 类变量的哈希结构里选择要使用什么颜色。

3. 编写用来移动方块的方法：

```
def move_to(column, row)
  @column = column
  @row    = row
end

def move_by(column_delta, row_delta)
  move_to(@column + column_delta, @row +
    row_delta)
end
```

第一个方法将方块的实例变量设置为它提供的准确位置，后一个方法根据 delta 数字来计算这个方块应该被移动到哪里。

4. 新建一些辅助方法来测试方块的类型：

```
def is_treasure?
  @type == TREASURE_TYPE
end
def is_start?
  @type == START_TYPE
end
def is_exit?
  @type == EXIT_TYPE
end
```

```
def is_player?
  @type == PLAYER_TYPE
end
def is_empty?
  @type == EMPTY_TYPE || @type == ' '
end
```

5. 同样，编写一些辅助方法来设置或检查这个方块是否需要被隐藏：

```
def hidden?
  @hidden
end
def hide!
  @hidden = true
end
```

6. 当玩家拾取了一个如宝藏般的对象，这个方法需要将这个方块设置为空的：

```
def make_empty
  @type = EMPTY_TYPE
end
```

7. 最后，添加一些辅助方法来简化一些需要测试的条件，它们适用于一些不同但是常见的情况：

```
def tile_is_drawn?
  !is_empty? && !is_start?
end
def tile_can_be_entered?
  is_empty? || is_start? || is_treasure?
    || is_exit?
end
```

在许多方面，这些代表了游戏的“规则”以及它是否允许移动并判断该绘制什么。

8. 一如既往，保存你的工作！

编写 Player 类方法

Player 类是一个特殊的方块类型，所以它可以使用刚才你编写的所有代码来展示它自己。Player 对象也需要追踪一个分数并了解它是否可以拾取如宝藏方块一样的其他方块。

1. 回到 player.rb 文件，添加拾取功能：

```
def pick_up(tile)
  if tile.is_treasure?
    @score += 1
    tile.make_empty
  end
end
```

如果它是一个宝藏方块，玩家的分数会被更新，旧的宝藏方块会被清除。

2. 就这样了！保存并测试你的项目。如果你在终端里看到了任何错误消息，回顾本项目并再次检查一下你的代码是否和上述编写的每个 Ruby 类一致。

拼写错误是非常容易出现的。如果它正常工作了，这个游戏应该看起来和图 10-4 一样。尝试用方向键来移动并拾取一些宝藏。你最快要多久才能够收集所有的宝藏并到达绿色的出口？

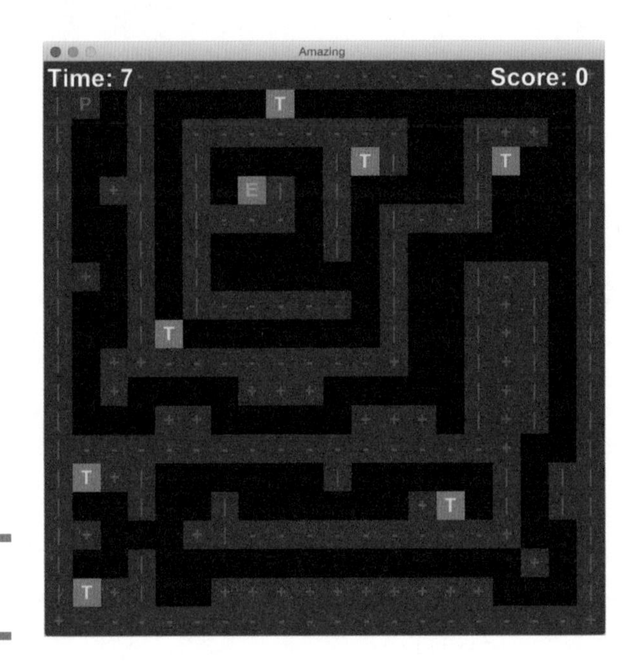

图 10-4
这个游戏正在进行！

尝试一些实验

当你找到 Gosu 大多数的基本特性的使用诀窍后，你的想象力就成了你能构建的游戏和图形程序的唯一限制。Ruby 社区有各种各样免费的开源的 gem，它们可以满足几乎所有类型的编码需求。Gosu 是一个很好的例子，它是人们构建的用来造福所有人的代码。

在迷宫寻宝代码的基础上，你有很多的事情可以尝试。你可以尝试其中一些：

- 迷宫的 level 对象是用一个字符串数组来定义的。尝试构建你自己的迷宫。如果你想要保存所有的迷宫，你只要定义不同的常量然后切换你传入初始化方法的常量就行。

- 如果你想要添加新的方块类型呢？也许宝藏可以有不同的类型？新建两个新的方块，使用不同的颜色代表不同的分数。
- 如果你探索迷宫有时间限制呢？尝试设置一个限制，如果时间流尽了，让这个玩家失去他的分数。
- 怎样才能让迷宫的窗口更大、更复杂呢？
- 如果这个游戏拥有不止一个关卡呢？

项目十一 汉诺塔

你可以使用计算机图形来构建游戏、绘制图画、学习科学知识或理解并解决问题。图形编程是一个很有用的工具，而当它和一门像 Ruby 一样的语言结合在一起后，你可以很轻易地只通过少量的工作就达成某些事情。

对于汉诺塔项目，你会构建一个游戏和一个工具来思考一个具体的算法。程序使用图形和鼠标点击接口让你能够解决汉诺塔问题。即使你对这个问题的名字不熟悉，你也可能见过这个问题了：你需要将一堆像甜甜圈一样的圆盘从一个桩移动到另一个桩，在整个过程中，不允许有大的圆盘出现在小的圆盘上方。

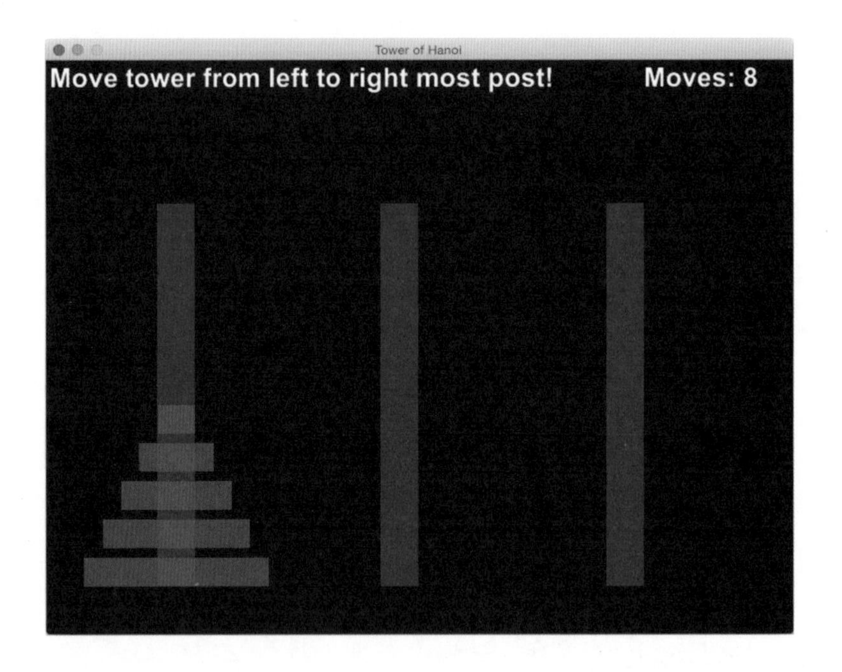

筹备一个新项目

你将使用 Atom 来新建和编辑你的程序，和其他项目一样，这个程序的源代码会被存入到多个不同的文件中，每一个文件都是一个类。根据标准的 Ruby 约定，每个文件都会以它包含的类的名字命名，名字是类名的小写版本，所有文件都会被存在相同的项目目录里。汉诺塔项目是另一个基于 Gosu 的图形程序，但你仍使用终端程序来运行、测试你的代码。

如果你还没有新建 development 文件夹，参考项目二中的指令。

1. 启动你的终端程序，然后进入开发文件夹：

```
$ cd development
```

2. 为本项目新建一个目录：

```
$ mkdir project11
```

3. 切换到新的目录：

```
$ cd project11
```

4. 双击 Atom 图标启动 Atom。

5. 选择 File⇨New File 来新建第一个源代码文件。选择 File⇨Save 保存文件，然后把它们存入到 project11 目录下，命名为 tower.rb。

6. 这个项目使用了你在第一章（项目一）里安装的、在项目十里使用的图形游戏库，Gosu。如果你不确定你是否安装了它，在你的终端程序里运行下面的命令：

```
$ gem list
```

你应该可以看到一些项目列表，一个 Gosu 的版本信息应该在其中（参考项目十里的图 10-1）。如果没有，回顾项目一，然后按照它里面的指令安装 Gosu。

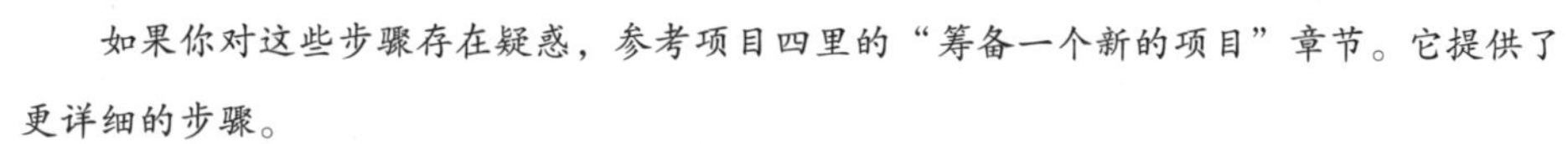
如果你对这些步骤存在疑惑，参考项目四里的“筹备一个新的项目”章节。它提供了更详细的步骤。

你已经做好实现一个鼠标驱动的互动式汉诺塔游戏了！

规划这个项目

在过去的项目里，你学习了算法以及计算机怎样使用算法来完成工作（或获得乐趣）。在现实生活中，算法是无处不在的——你每天都要遵循指令和程序：也许在每天早上起床后，或者当你做作业或完成工作时，或当你在做家务事时，你都会按照一系列的步骤做事情。你玩游戏的时候也一定在遵循某些步骤。

汉诺塔问题是一个隐藏的数学问题。这问题有趣的地方在于如果你能在简单难度下解决这个问题（1、2 或者 3 个圆盘），你也就能解决更复杂难度这个问题（很多圆盘），通过将这个问题分割成一系列简单难度的问题。程序员有一个术语专门用来描述这种操作，这种问题的解决方法是使用递归（recursive）算法。

这个问题由一个或多个圆盘（甜甜圈、圈、方块，随你称它们为什么）组成，每一个圆盘的大小都不一样。这些圆盘堆成一堆，最大的在底下，最小的在顶上。整个桩看起来有点像金字塔。有时候这些圆盘会被贴在柱子上或用夹子夹住，但这都是可选择的。游戏一共有 3 个位置，开始的位置的桩上有圆盘，另外两个位置是空的。问题的目标是将整个桩从开始的地方移动到最后的地方，一次移动一个圆盘。每一次移动，你只可以移动某个桩最上方的圆盘，你永远不能将一个大的圆盘放到一个小的圆盘上方。

听起来很简单，是吗?

你的程序允许玩家通过用鼠标点击图形版本的圆盘和桩来解决这个问题。程序会知道规则，因此玩家不能做出非法的移动。

你的代码需要这些内容：

- 和其他对象一样，你会需要一个主对象来设置游戏和 Gosu 图形库的接口。
- 你会需要一个游戏对象来新建所有的图形对象并知道怎么管理它们。Game 对象也会是你新建游戏规则的地方，也是你编写让玩家和游戏元素互动的代码的地方。
- 桩对象将是零个和多个圆盘的支柱。它会作为圆盘的容器并且知道怎么绘制自己。
- 你最后需要一个圆盘对象！你会拥有一些大小不一样的圆盘。圆盘对象相对比较简单，基本上只要知道自己处于桩上以及自己被选中并移动的时候应该怎么绘制自己就可以。

如果你想到了一些其他对象的集合，这是完全可能的，但我会从这个集合开始。如果你自己想到了可以让事情变得简单的方法，在你让程序运行后，可以尝试一下。

考虑程序的框架

对于像本项目这样简单的程序来说，你可以将你项目的主入口和 Gosu 图形库连接起来。配置你的主入口，让它包含连接库的必要方法并依赖你的其他类来构建和运行这个游戏。

1. 遵循你在之前项目里使用的规律，tower.rb 文件将是你运行这个程序的主入口。在文件中添加一个介绍性的注释，开始着手：

```
#
# Ruby For Kids Project 11: Tower
# Programmed By: Chris Haupt
# Towers of Hanoi puzzle
#
# To run the program, use:
# ruby tower.rb
#
```

2. Ruby 需要知道你正在使用 Gosu，通过添加一个 require 行可以实现。同样，让程序知道你将使用 Game 类的大多数功能：

```
require 'gosu'
require_relative 'game'
```

3. 新建一个 Tower 类的框架，它的行为大多数继承于 Gosu 的 Window 类：

```
class Tower < Gosu::Window

  def initialize
    super(800, 600, false)
    self.caption = "Tower of Hanoi"
    @game = Game.new(self)
  end
# More code here in a moment!
end
```

你在这新建了一个 game 对象，然后使用 Ruby 关键词 self 将 Tower 对象传了进去。因为 Tower 只是一个通过将自己传给 game 的 Gosu Window，所以它会给 game 传递一个窗口用来绘制和交互。

4. 在文件的底部、最后一个 last 关键词之后新建一个 Tower 类的实例来显示它的窗口：

```
window = Tower.new
window.show
```

5. 这个代码和之前的 Gosu 项目很相似。如果你现在保存并运行它，Ruby 会显示一个错误，因为你还没有新建 Game 类。在离开本章节之前，在类内部为 3 个方法设置桩代码，就在 initialize 方法后面：

```
def needs_cursor?
  true
end

def button_down(id)
```

```
    @game.button_down(id)
  end

  def draw
    @game.draw
  end
```

主游戏对象并没有太多内容——它使用 game 对象做了所有的工作。你可能注意到了一个名为 needs_cursor? 的新方法，它的任务是告诉 Gosu 不要隐藏鼠标指针，因为你的用户会使用鼠标点击游戏里的对象，你需要让她知道她的鼠标在哪!

新建占位类

在本项目中，你要新建另外 3 个类来构建游戏的行为和外观。每个类都会在它自己的文件里并根据 Ruby 的命名约定，让文件名成为类名的小写版本。你也会通过使用 require 方法让 Ruby 知道去哪里找其他的类。

Game 类

Game 类被用来将所有其他的类连接到一起，它也管理了用户和这些对象的所有交互行为。这里是你新建代码来收录问题规则的地方。

1. 使用 Atom 在 tower.rb 文件相同的目录下新建一个名为 game.rb 的文件。在文件开头通知 Ruby 有哪些类和 gem 将会被使用:

```
require 'gosu'
require_relative 'disc'
require_relative 'post'
```

Require_relative 方法从你写入的源代码文件相同的目录开始搜索指定的内容。Require 则是从 Ruby 系统目录开始的，例如，Gosu gem 之前安装的地方。

2. 新建 Game 类并定义一些有用的常量:

```
class Game
  POST_TOP    = 150
  POST_LEFT   = 120
  POST_GAP    = 240
  POST_WIDTH  = 40
  POST_HEIGHT = 400
  NUM_DISCS   = 5
```

大多数变量都是被用来调整外观的。你可以通过修改大小或其他对象的形状来看看它们是怎么工作的。你可以在这里修改初始圆盘的数量。

3. 编写初始化方法：

```
def initialize(window)
  @window     = window
  @font       = Gosu::Font.new(32)
  @time_start = Time.now.to_i
  @posts      = []
  @discs      = []
  initialize_posts
  initialize_discs
  @current_disc = nil
  @move_count = 0
end
```

因为这是一个 Gosu 程序，所以你需要保留住 window 变量，它会被用于之后的绘制过程。你也需要准备一些存储圆盘和桩的数组来绘制和进行其他问题的函数。

4. 接着设置桩：

```
def initialize_posts
  0.upto(2) do |index|
    @posts << Post.new(@window,
                POST_LEFT + (index * POST_GAP),
                POST_TOP,
                POST_WIDTH,
                POST_HEIGHT)
    end
  end
```

这个代码使用你之前使用的循环方法来新建 3 个桩。记住：程序员从零开始计数！Post 通过 new 方法创建，常量被用来告诉这些桩它们看起来是什么样的（在哪里？有多大？）在创建之后，<< 方法将它添加到 @posts 数组供以后使用。

在你之后编写 Disc 类时，有很多不同的方法可以被用来管理和使用你的常量。

在 POST_LEFT + (index * POST_ GAP) 行里用到的数学知识巧妙地让一个桩将自己设置到上一个桩的右边。POST_LEFT 是第一个桩的初始位置，因为第一个桩的 index 值是 0，0 乘以 POST_GAT 还是 0，因此这个桩就在那个位置。下一个桩的 index 的值是 1，因此桩的位置是 POST_LEFT+POST_GAP（更右一点）。第 3 个桩是 2 倍距离远。一点数学知识节省了很多重复的代码！

5. 接着，设置圆盘：

```
def initialize_discs
  first_post = @posts.first
  0.upto(NUM_DISCS - 1) do |index|
```

```
      disc = Disc.new(@window, index, first_post)
      @discs << disc
    end
  end
```

你需要新建多个圆盘，因此你再次使用循环来设置每个圆盘对象。圆盘会处于桩上，因此你抓取 @posts 数组里的第一个桩，然后通过遍历来新建圆盘。正如你即将会看到的，圆盘通过它们在数组里被指派的索引数字作为初始值来决定自己的大小，数字越大代表圆盘越大。

考虑一下圆盘要怎样被放置在桩上以及你要怎样让它们遵循规则管理。如果你在纸上画一下将它们可视化，你可能更容易看出这个问题。接下来，你就要准备解决这个问题。

6. 在类中添加 draw 方法，这样它就能打印所有的游戏对象，在最后用 end 关键词结束这个类：

```
    def draw
      @posts.each {|post| post.draw}
      @discs.each {|disc| disc.draw}
      @font.draw("Move tower from left to right most
      post!", 4, 2, 10)
      @font.draw("Moves: #{@move_count}", 640, 2,
      10)
    end
  end
```

这里没什么花哨的内容。使用 each 方法遍历每个对象数组并在接下来的代码块里使用简写形式（使用 {} 代替 do 和 end）。我添加了一些文本输出，这样可以打印一些指令以及进行移动（点击）计数。

7. 在继续之前保存代码。之后你会在本类中添加两个额外的方法来实现游戏规则和鼠标支持。

Post 类

Post 类用来管理零到多个圆盘集合，提供给用户一个可以点击的目标并选择一个移动圆盘的目的地。你会发现，这里要用到很多代码，但几乎所有的代码都和管理圆盘有关。

1. 使用 Atom 新建一个 post.rb 文件，这个类这样开头：

```
require 'gosu'
class Post
```

首先，你让 Ruby 知道 Gosu，然后再开始编写这个类。

2. 设置初始化方法：

```
def initialize(window, x, y, width=40, height=400)
  @height = height
  @width  = width
  @x      = x
  @y      = y
  @color  = Gosu::Color.argb(0xaa0000ff)
  @window = window
  @discs  = []
end
```

这个类里的大多数实例变量都和桩在哪里显示以及桩的外观有关。@discs 数组专门被用来描述任意时刻桩上的圆盘集合。

一个新的技巧被用在了 initialize 方法的参数列表。你会看到在那行里包含了一些真实的值，例如 width=40。这是 Ruby 中用来为方法调用提供一个默认值的方法。在本例中，如果你为桩调用了一个新的方法但没有在参数列表里提供 width 和 height 值，Ruby 会用默认值来填充这些参数。

3. 添加一个 draw 方法：

```
  def draw
      @window.draw_quad(
      @x, @y, @color,
      @x + @width, @y, @color,
      @x + @width, @y + @height, @color,
      @x, @y + @height, @color)
  end
end
```

我已经选择了让主游戏对象来绘制游戏的所有部分，因此 Post 类里的绘制代码只知道怎样绘制桩本身（一个矩阵）。通过修改你也可以让他绘制圆盘，你可以在之后实验一下。

4. 在继续之前保存代码。你之后会回到这个类来完成所有的圆盘管理方法。

Disc 类

Disc 类处理问题的主要执行部分。

1. 在 Atom 中新建 disc.rb 文件并在文件开头这样填写：

```
require 'gosu'
class Disc
  DISC_HEIGHT        = 30
  BASE_DISC_SIZE     = 40
  DISC_VERTICAL_GAP  = 10
```

这叫技术支持

你可以在类里找到一些用于描述圆盘外观的常量，将这些信息放在哪个位置取决于你。

在 Post 类中，你通过外部传入这些值。这两种方法都是可以的，你只要确保你做出的效果和你想的一样就行。

2. 添加一些属性访问方法，让在 disc 对象外部的代码访问它的数据变得简单一些：

```
attr_reader   :number
attr_accessor :post
```

这叫技术支持

还记得属性访问器是编写代码用来读取或写入实例变量值的捷径吗？attr_ reader 提供了一个只读访问器，因此圆盘类外部的代码不能修改圆盘的 number 值。你之后会将一个桩赋予一个圆盘，这样 attr_accessor 就被使用了，它能同时为你提供一个读取方法和一个写入方法。

3. 初始化方法很长，但是很大部分是因为它设置了很多实例变量来绘制圆盘：

```
def initialize(window, number, starting_post)
  @window = window
  @number = number
  @height = DISC_HEIGHT
  @width  = BASE_DISC_SIZE * (@number + 1)
  @color  = Gosu::Color.argb(0xaaff00ff)
  @selected_color = Gosu::Color.argb(0xaaffeeff)
  @selected = false
  @x        = 0
  @y        = 0
  @post     = starting_post
end
```

记住比较好

你将会使用圆盘的 number 作为它的大小。这个数字越大，圆盘就越大。你之后会使用这个数字来比较圆盘。你也会发现这个数字会被用来计算 @width 变量里圆盘的大小，通过基础大小乘以这个数字。因为数字从 0 开始，所以你需要把它加一。（知道为什么吗？如果你没有加一，你就会把这个大小乘以 0，结果还是 0，而宽度为 0 是不可见的！）

4. 对于圆盘来说，复杂的地方就是如何正确地绘制它自己。这个形状很简单——它就是个矩阵。困难的部分是圆盘的移动依赖于用户点击放置它们的地方。在你在 Post 类里添加了需要的支持后，你会填补这个绘制方法：

```
  def draw
        @window.draw_quad(
          @x, @y, @color,
          @x + @width, @y, @color,
          @x + @width, @y + @height, @color,
          @x, @y + @height, @color)
  end
end
```

5. 保存你的代码并试一下！你会发现桩都被放在了合适的位置。它看起来有点怪异，而且你甚至不能点击任何东西（见图 11-1 和图 11-2）!

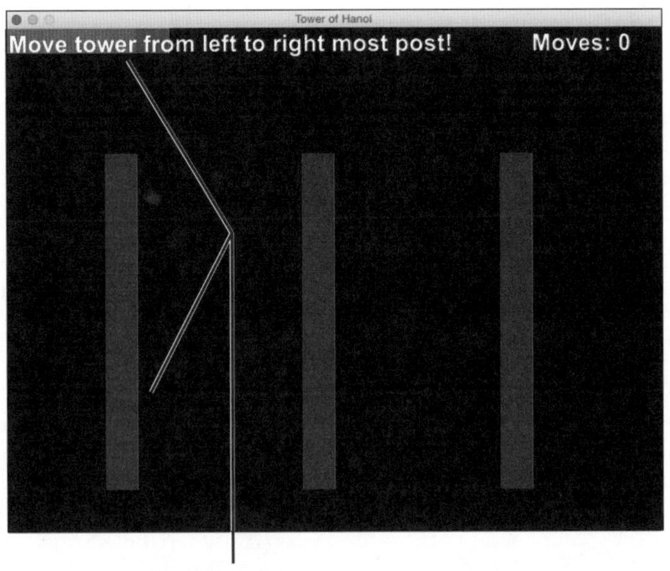

Tower of Hanoi
Move tower from left to right most post!
Moves: 0
这些圆盘应该出现在下面!

图 11-1

这些圆盘怎么了?

project11 — bash — 80×24
Christophers-MacBook-Pro:project11 chaupt$ ruby tower.rb
tower.rb:24:in `button_down': undefined method `button_down' for #<Game:0x007fb9
4186ede8> (NoMethodError)
from tower.rb:32:in `<main>'
Christophers-MacBook-Pro:project11 chaupt$

图 11-2

哎，你还没有用来处理点击的代码!

编写 Post 方法

因为 Post 类包含了大多数用来管理圆盘的代码，同时它也是编写游戏规则的重要部分，所以你应该从这里开始完成所有内容。

1. 首先，你需要一些方法允许游戏在桩里添加和移出圆盘。在 Post 类的末尾、最后的关键词 end 前添加这个代码：

```
def add_disc(disc)
  @discs.push(disc)
```

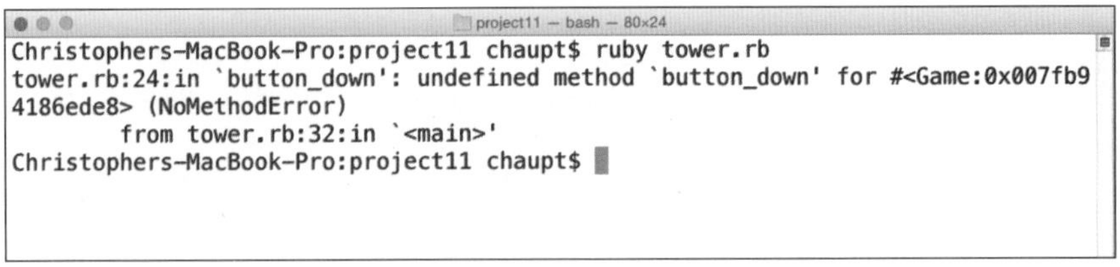

```
  disc.post = self
end

def remove_disc(disc)
  @discs.delete(disc)
  disc.post = nil
end
```

这些方法分别使用了数组类的 push 和 delete 方法。它们也使用了 disc 对象的 post 属性来存储当前的桩，以便之后使用。当一个圆盘从一个桩上被移走时，你是用 Ruby 的 nil 值来表示“没有桩”的概念。

2. 提供一些工具方法来获取桩上最上方的圆盘。在圆盘数组里，“顶部”表示数组里的最后一个元素。同样新建一个工具方法来找到一个具体圆盘的位置：

```
def last
  @discs.last
end
def find_disc_position(disc)
  @discs.find_index(disc)
end
```

Ruby 这里使用了 last 和 find_index 内置方法。

3. 还记得，我提示过圆盘在第一次被创建的时候可能在桩上的顺序不对吗？新建一个方法来排列这些圆盘：

```
def sort_discs
  @discs.sort_by! { |disc| -disc.number }
end
```

这个方法使用了数组类的 sort_by! 方法，它会重新改变数组里的内容的顺序。之后的代码块是 Ruby 用来决定利用圆盘的哪个属性来排序。在本例中，你想要使用 number，但你想要逆向排序，因此“最大的”圆盘将会处在数组的前面，而最小的圆盘则是在数组的末尾（注意理解上面的“最后”是什么意思）。如果要颠倒内容，你可以采取圆盘 number 对应的负数值。

4. 游戏会需要一些帮助来了解一个圆盘是否被移动到了一个有效的桩。新建一个方法来检查这一点：

```
def valid_move?(disc)
    disc.top_most? &&
      (@discs.empty? ||
        disc.number < last.number)
end
```

首先，这个代码会询问这个要被移动的圆盘是不是在当前桩的“顶部”（没有被其他圆盘遮挡），然后条件语句会检查当前桩的圆盘数组是否是空的以及要移动到的圆盘的大小是否比这个桩最上面的圆盘小。

5. 提供一个方法来真正地移动圆盘：

```
def move_disc(disc)
  disc.post.remove_disc(disc)
  add_disc(disc)
end
```

一次移动包含两个步骤。首先，圆盘将它自己从旧的桩上移出，然后将它自己添加到当前的桩上。

6. 现在你需要一些方法来优化用户界面。首先编写一个方法来判断桩上是否发生了点击事件。你需要利用这个事实来为圆盘选择一个目的地。

```
def contains?(mouse_x, mouse_y)
    mouse_x >= @x && mouse_x <= @x + @width &&
    mouse_y >= @y && mouse_y <= @y + @height
end
```

Gosu 通过 X 和 Y 坐标来提供鼠标点击的信息。你的任务是判断出这次点击是不是在构成桩的三角形形状的内部。这个长的条件语句比较了 X 和 Y。如果你觉得这个数学问题看起来有点复杂，在纸上画一个矩形并为其 4 个角标注一下坐标，这对解决问题会有帮助。

7. 圆盘的绘制代码需要知道桩的位置是什么。提供两个工具方法来计算桩的中心和底边：

```
def center
  @x + (@width / 2)
end

def base
  @y + @height
end
```

记住在 Gosu 里，Y 轴向下延伸，而不是向上。这和你在初级代数或几何学里熟悉的内容不太一样。

8. 在继续之前保存所有代码。你可以运行这个程序看下是否会有新的错误，但是绘制和点击的问题还没有全部被解决。

编写 Disc 方法

Disc 类不需要很多新的代码，但是它需要知道怎样连接它的桩以及知道怎样绘制自己。

1. 前往 Disc 类中的 initialize 方法，将最后以 @post = starting_ post 开头的一行替换为：

```
@post   = starting_post
starting_post.add_disc(self)
```

这里使用了你刚才在 Post 类里编写的新代码来正确地将圆盘添加到桩上。

2. 提供一个工具方法来判断一个圆盘是否是桩顶上的那个：

```
def top_most?
    @post.last == self
end
```

这个代码获取它桩上的最后一个圆盘并将它和对象本身比较。如果两个圆盘是一样的，那么这意味着这个圆盘就是桩最上面的那个。Ruby 中的 self 关键词指代当前的对象。

3. 为了更好地让玩家知道她什么时候选择了圆盘，当一个圆盘被点击时，设置 @selected 变量的值为真或假。

```
def toggle_selected
  @selected = !@selected
end
```

在实例变量的前面放置一个！符号会颠倒它的值。它会修改 true 为 false 或修改 false 为 true。

4. 和桩一样，圆盘需要提供一个方法来检测点击是否在其矩形内部：

```
def contains?(mouse_x, mouse_y)
  mouse_x >= @x && mouse_x <= @x + @width &&
    mouse_y >= @y && mouse_y <= @y + @height
end
```

5. 现在，你可以开始更新绘制方法，让它正确地将桩顶部的圆盘放置到正确位置。用下面的代码代替 draw：

```
def draw
    if @post
      @x = @post.center - @width / 2
      position = @post.find_disc_position(self)
      if position
        if @selected
          c = @selected_color
        else
          c = @color
        end
        # calculate the y position based on
    height of post
        @y = @post.base - @height - (position *
```

```
        (@height + DISC_VERTICAL_GAP))
          @window.draw_quad(
            @x, @y, c,
            @x + @width, @y, c,
            @x + @width, @y + @height, c,
            @x, @y + @height, c)
        end
      end
    end
```

下面的部分几乎和之前的一样。上半部分用来计算新的 X 和 Y 的位置。X 的位置依赖于桩的中心坐标，Y 的位置需要判断它里桩的底部有多高，你可以参考桩的位置。那行长的数学代码替你做了这次计算。最后，你使用两种不同的颜色来绘制圆盘——一种颜色作为鼠标点中时处于激活状态的圆盘，另一种颜色是没有被选中的圆盘。

6. 保存这个代码，然后再次测试它。它应该看起来和图 11-3 一样，哎！

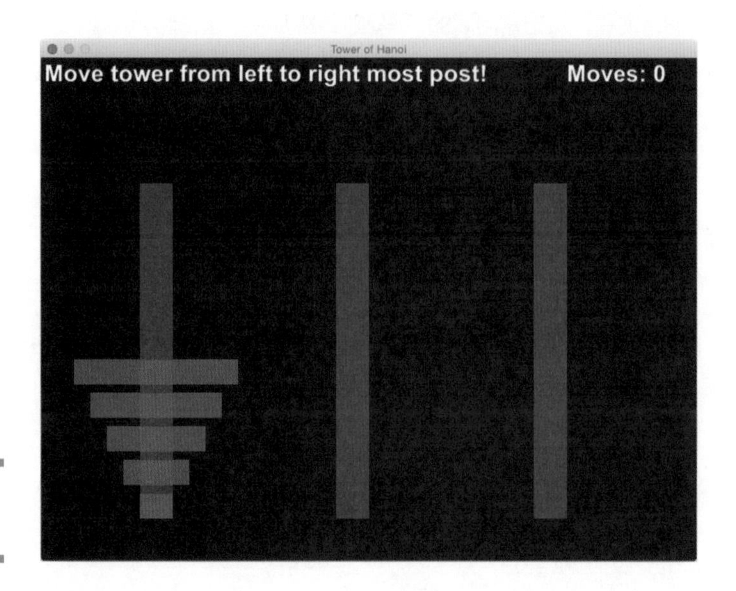

图 11-3
有些东西颠倒了！

编写 Game 方法

你要修改好所有有问题的部分并运行这个程序。

1. 首先修改这个颠倒的初始塔。在 Game 对象的 initialize_discs 方法里、在 end 关键词之前添加这行代码：

```
first_post.sort_discs
```

这里你使用你之前编写的 sort_discs 方法将圆盘堆按正确的顺序放置。

2. 编写一些会被界面使用的代码来管理选择和未选择的圆盘。将这个方法放置在Game 类里的任何地方：

```
def select_disc(disc)
  if @current_disc == disc
    return
  elsif @current_disc
    @current_disc.toggle_selected
  end
  @current_disc = disc
  if disc
    @current_disc.toggle_selected
  end
end
```

3. 现在，汉诺塔问题的“ 规则”需要被创建。因为 Game 对象需要一个 button_down 方法，所以这个代码可以顺便修改你一直看到的那个点击问题。

```
def button_down(id)
    if id == Gosu::MsLeft
```

Gosu 告诉你哪个按键被按下了。在这个例子里，你要寻找鼠标左键产生的鼠标点击事件。

4. 当玩家第一次点击一个圆盘时，游戏就开始了，然后你点击一个目标桩来移动圆盘。如果一个圆盘已经被选择了，它会被存在 @current_disc 实例变量里。在这种情况下，检查一下是否有一个桩被作为目标点击了：

```
    if @current_disc
      hit_post = @posts.find do |post|
        post.contains?(@window.mouse_x, @window.
        mouse_y)
      end
      if hit_post && hit_post.valid_move?
        (@current_disc)
        hit_post.move_disc(@current_disc)
        select_disc(nil)
        @move_count += 1
      return
    end
  end
```

首先，这个代码寻找一个可能被鼠标点击的桩。如果找到了，它会检查这是不是一次有效的移动。如果这也是真的，那么圆盘会被移动，被选中的圆盘会被清除，同时你也要追踪用户到目前为止做出的点击数。

5. 最后，处理当前状态下没有一个圆盘被选择，同时用户在尝试选择一个的情况：

```
    hit_disc = @discs.find do |disc|
      disc.contains?(@window.mouse_x, @window.
    mouse_y)
    end
    select_disc(hit_disc)
  end
end
```

6. 保存并运行你的代码。圆盘的顺序应该正确，当你点击它们时，它们应该会改变颜色。移动它们应该也能成功。每次成功的移动都会更新屏幕上方的移动计数器。见图 11-4。

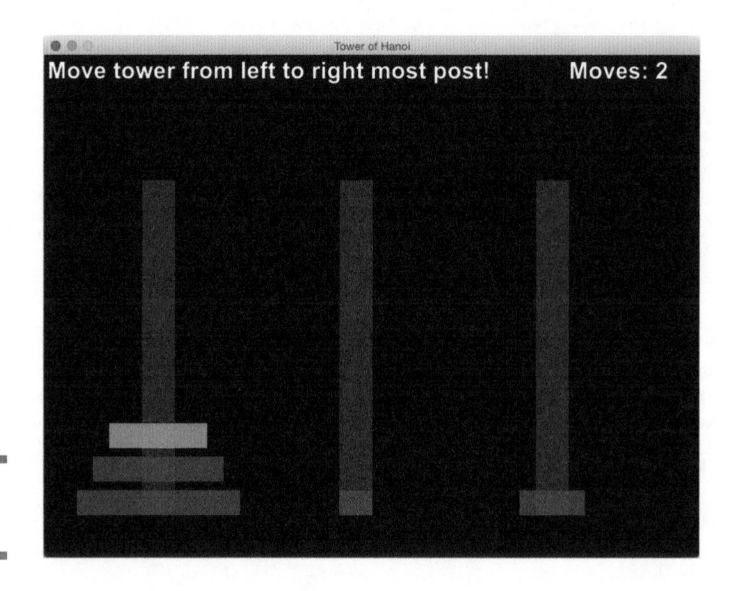

图 11-4
移动圆盘！

尝试一些实验

汉诺塔项目的代码有两个任务。首先，很多代码被用来处理界面。Gosu 在这方面帮助很大，很多看起来复杂的代码都和将对象绘制到屏幕中正确的位置有关。第二个任务是执行问题的规则，这部分代码简单很多，主要是因为你可以使用很多 Ruby 的内置特性来处理圆盘“堆”的概念。

汉诺塔的代码已经写好了，因此你可以在此基础上做些实验，尝试一些下面的挑战：

- 修改 Game 类里的 NUM_DISCS 常量为 3。现在，把所有的圆盘移动到屏幕的右侧你最少需要多少次移动？你可以想出一个公式来计算这个数字吗？修改这个数字到 2 或者 4 来验证一下你的公式。

- 修改游戏一些其他的可视化元素，看下当桩或圆盘的大小、形状、颜色被改变了会发生什么？
- 使用 Ruby 的 gets 方法，在游戏第一次运行的时候，让用户制定一个圆盘的数字并通过不同对象的 initialzie 方法将这个值传入程序。

一个简单的 AI

如果计算机可以为你解决这个问题，岂不是很酷？这里有个额外的实验：

1. 保存一份程序的副本，然后尝试如下内容。打开 tower.rb 文件，然后在 Tower 类中添加如下方法：

```
def update
  @game.update
end
```

2. 在 Atom 里新建一个名为 ai.rb 的文件并添加这些代码：

```
class AI
  def move(game, num_disks, start,
target, temp)
    Fiber.yield
    sleep(0.1)
    if num_disks == 1
      target.move_disc(start.last)
      game.increment_clicks
    else
      move(game, num_disks-1, start,
temp, target)
      move(game, 1, start, target,
temp)
      move(game, num_disks-1, temp,
target, start)
    end
  end
end
```

3. 打开 game.rb，在顶部新增一条 require_relative 行：

```
require_relative 'ai'
```

4. 在 Game 类中添加两个新方法：

```
def increment_clicks
  @move_count += 1
end
def update
  if @fiber.nil?
    @fiber = Fiber.new do
      AI.new.move(self, NUM_DISCS,
    @posts[0],
    @posts[2], @posts[1])
    end
  else
    @fiber.resume rescue nil
  end
end
```

5. 保存你的工作，并尝试再次运行这个程序。几秒后，它会自己开始运行！哇，人工智能！

关于这些代码是如何工作的解释有点超过了本书的范围，但基本上，你还是在使用 Ruby 的功能来做一件事情：计算下一次有效的移动。AI 类使用了一个名为递归的技术，它将整个移动过程分割成了更多、更小的移动。之前，我提起过如果你能解决一个或两个圆盘的问题，你就能解决任何数量的圆盘的问题。这个程序就是这么做的。

项目十二
生命游戏

你曾经是否想过为什么一群鸟可以一起飞翔而不会相撞？蜜蜂为什么会建造蜂巢？蚂蚁为什么会建造巢穴？当你有很多动物、植物或软件对象，它们一直处于简单的规则下时，它们会演化出很多令人惊奇的、看起来相当复杂的行为。

作为本书中的最后一个项目，你将编写软件用于实现英国数学家约翰•康威的生命游戏，你将使用 Gosu 从视觉上探索通过简单的规则集是怎样产生非常酷的影响的。

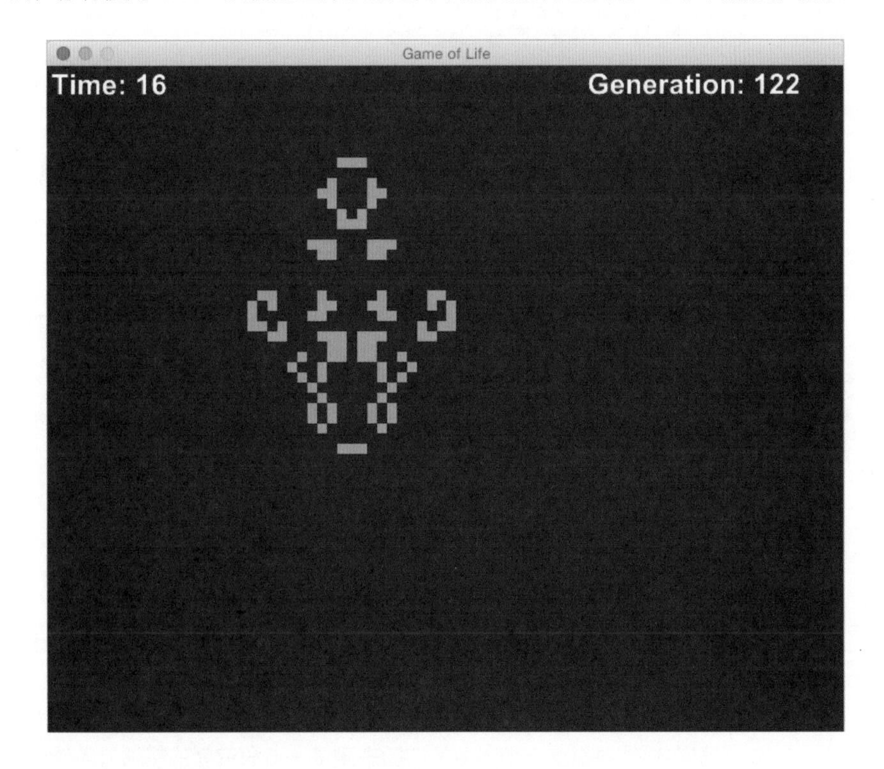

筹备一个新项目

对于最后一个项目，你会再次新建多个 Ruby 源文件。所有的文件都会以项目或它包含的类来命名，可能的话，就是用类名的小写版本。所有文件都会被存在相同的项目目录里。生命游戏项目使用 Gosu 来可视化你创建的模拟的单细胞生物，你也会使用命令行来载入程序并从用户那里收集配置信息。

记住比较好

如果你还没有新建 development 文件夹，参考项目二中的指令。

1. 启动你的终端程序，然后进入开发文件夹：

```
$ cd development
```

2. 为本项目新建一个目录：

```
$ mkdir project12
```

3. 切换到新的目录：

```
$ cd project12
```

4. 双击 Atom 图标启动 Atom。

5. 选择 File⇨New File 来新建第一个源代码文件。选择 File⇨Save 保存文件，然后把它们存入到 project12 目录下，命名为 life.rb。

6. 如果你是直接跳到本项目的，确保你已经安装了你在第一章（ 项目一 ）里描述的 Gosu Ruby Gem。如果你不确定你是否安装了它，在你的终端程序里运行下面的命令：

```
$ gem list
```

你应该可以看到一些项目列表，一个 Gosu 的版本信息应该在其中（参考项目十里的图 10-1 ）。如果没有，回顾项目一，然后按照它里面的指令安装 Gosu。

如果你对这些步骤存在疑惑，参考项目四里的“筹备一个新的项目”章节。它提供了更详细的步骤。

现在你已经做好准备探索这个令人着迷的模拟世界了！

规划这个项目

工程师和科学家会利用模拟技术来研究有趣的现象或难以构建的实验。使用数学和计算机在软件中提出一个虚拟的实验来测试一些研究者的想法是可能的，而它不需要建造一个宇宙飞船，然后飞入外太空测试一个理论，这是一趟昂贵且可能很危险（对飞船来说）的旅程。

在本项目中，你将学习一些英国数学家约翰•康威在 1970 年发明的规则集。康威称他的实验为生命游戏，因为它模拟了一个单细胞群体在它的规则之下的成长过程。这些规则是这样的：想象一张网格状的图纸。在网格上，每个独立的方框（或单元）可以是空的或被占据的。对于这个模拟实验的每一轮来说，你都会访问网格上的每一个细胞。对于每个细胞，你会计算这个细胞有多少邻居。如果这个细胞是被占据的（活的）并且它有 2 个或 3 个活着的邻居，它就会死。如果一个空的细胞有正好 3 个邻居，那么一个新的细胞就会在那个地方出生。对于处于网格边界上的细胞，你把处于网格外部的、它的所有可能的邻居当成是空的。

这个简单的规则集会导致一些有趣的但是在预期之外的行为。科学家称这种看起来更复杂的世界为突现行为（emergent behavior）。

你将会重新构建这个实验并从中获得乐趣！

首先，你会需要一个主程序来设置 Gosu 环境，这和其他项目一样。它也会从用户那里收集一些基本的信息来调整系统的行为。你会使用 Ruby 的简单的命令行 gets 和 puts 方法来实现这点。

你会新建一个 Game 类来构建和使用其他的类，它会执行游戏的规则并在屏幕上打印输出结果。

你也会需要一个 Grid 类，如上文所述，它代表你的“网格纸”。用计算编程术语来说，你需要一个数组的数组来模拟这个二维的网格。在每个位置你都会存入你的细胞。

你需要一个基本的对象来表示细胞。细胞可以是活的或死的，这个状态会影响它们在屏幕上显示的方式。

这个项目会使用一些更高级的 Ruby 编程技术。我会解释其中的一些，至于其他的，我只会给出一些提示。记住：所有项目的目标都是输入内容，然后看会发生什么！如果你不太清楚编程语言的部分，不用担心——保持你的好奇心就行了！

考虑一下程序的框架

对于生命游戏，你会使用 Gosu 来显示模拟的单细胞生物的一个或多个“后代”的计算结果。在模拟开始之前，你也会使用一个常见的 Ruby 命令行技术从用户那里收集一些输入。

计算机科学家称像生命游戏这样的软件系统为细胞自动机（cellular automatons），这是个很酷的名字。

从主程序的代码开始：

1. 使用 Atom 新建一个 life.rb 文件，同时顺便放入一个非正式的注释来描述这个程序是什么：

```
#
# Ruby For Kids Project 12: Life
# Programmed By: Chris Haupt
# A graphical version of Conway's Game of Life
#
# To run the program, use:
# ruby life.rb
#
```

2. 使用 require 方法调用告诉 Ruby 你将使用的其他代码：

```
require 'gosu'
require_relative 'game'
```

3. Life 类将作为 Gosu Window 类的子类，这样你就可以连接上你之后会用到的图形支持：

```
class Life < Gosu::Window

  def initialize(generations, sim)
    super(800, 800)
    self.caption = "Game of Life"
    @ game = Game.new(self, generations, sim)
end
```

在本项目中，你传入了额外的参数到 initialize 方法中。你想要发送一些用户选择的变量值到游戏引擎里。第一个 generations 是这个模拟要运行多少个轮次；另一个 generations 代表哪种初始模拟环境会被使用（随着时间过去，这会有很多种）。

4. 你会使用 Game 类来做实际的可视化工作，因此在结束这个类之前向那个对象传入一些 Gosu 相关的调用：

```
  def update
    @ game.update
  end

  def draw
    @ game.draw
  end

end
```

5. 在新建一个 Life 类的实例之前打印一条欢迎消息并从用户那里收集一些输入：

```
puts "Welcome to the Game of Life"
```

```
print "How many generations? (0 for infinite) "
generations = gets.to_i
print "Pick a simulation (1-5) "
sim = gets.to_i
```

6. 现在通过新建 Life 类的实例来开始模拟过程并展示这个对象：

```
window = Life.new(generations, sim)
window.show
```

7. 在继续之前保存你的代码。

新建占位类

本项目中，你会使用另外 3 个 Ruby 类。再一次，你会有个主游戏对象来负责游戏的规则以及在屏幕上显示内容。其他的对象会被用来存储数据和协助进行模拟计算。

Game 类

Game 类会设置好所有内容并执行游戏的规则。从类的桩版本开始入手。

1. 在和 life.rb 文件相同的目录下新建一个 game.rb 文件。设置好需要的 require 语句来连接其他的代码：

```
require 'gosu'
require_relative 'grid'
require_relative 'cell'
```

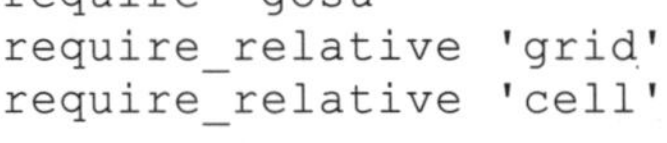

如果你不记得 require 和 require_relative 的区别并且想要了解一下它，参考项目十一。

2. 打开 Game 类设置一些初始的常量：

class Game

```
  GENERATION_FREQUENCY = 100 # in milliseconds
  SEED_BLINKER = [[11,10],[11,11],[11,12]]
  SEED_LIST    = [SEED_BLINKER]
  GRID_WIDTH   = 80
  GRID_HEIGHT  = 80
```

GENERATION_FREQUENCY 的值表示程序要多快计算模拟实验的下一组结果，单位是毫秒。

毫秒就是 1/1000 秒（非常快）！因此 10 毫秒相当于 1/10 秒。我们想要在 1 秒内修改

10次模拟结果。你可以利用这个设置来实验加快或减慢这个模拟。

SEED_BLINKER 常量是一个元素是数组的数组。每个小数组都有一个 *x* 坐标和一个 y 坐标。当系统配置好模拟世界后，它会使用这几个值作为世界里最初的三个细胞。之后你可以创建你自己的种子图案并把它们加入到 SEED_LIST 中。

3. 设置初始化方法：

```
def initialize(window, generations, sim)
  @window       = window
  seed          = SEED_LIST[sim - 1]
  @grid         = Grid.new(@window, GRID_WIDTH,
    GRID_HEIGHT, seed)
  @font         = Gosu::Font.new(32)
  @time_now = @time_start = Time.now.to_i
  @last_update = 0
  @generation  = 0
  @max_generations = generations.to_i
  @status_message = "Completed"
end
```

这里大部分的内容都是用于显示模拟的变量的。@grid 是一个 grid 对象，它会管理我们的模拟世界。

4. 新建一个工具方法来描述这个模拟是否结束：

```
def simulation_over?
  (@max_generations > 0) && (@generation >=
   @max_generations)
end
```

你会使用当前的代数（第几代结果）和最大的被需要的代数进行比较。

5. 新建 update 和 draw 的占位代码，你之后会在它们中放入游戏的规则和可视化的输出。最后的 end 关键词结束这个类：

```
  def update
  end
  def draw
    @grid.draw
  end
end
```

6. 保存你的代码并继续。

Grid 类

Grid 类将作为你所有 cell 对象的容器，它会在一个由数组组成的二维结构里管理它们。

1. 新建一个 grid.rb 文件并输入 require 语句和 Grid 类的开头：

```
require 'gosu'
require_relative 'cell'

class Grid
  include Enumerable
```

include Enumerable 代码告诉 Ruby 自动将 Enumerable 模组里的代码添加到这个类。Enumerable 提供了很多被用于其他容器的功能，例如 Ruby 内置的 Array 类。你将制作一个 Grid，它的作用和其他标准的 Ruby 容器的作用一样，这样做可以简化编程，让它更符合 Ruby 的风格。

2. 在初始化方法里设置一些内部变量：

```
def initialize(window, columns, rows, seeds=nil)
  @window      = window
  @total_rows = rows
  @total_columns = columns
  @board = setup_grid
  plant_seeds(@board, seeds)
end
```

你正在使用其他的两个方法来创建网格，然后设置好那些被初始化为“活着”的细胞。

3. 这个模拟中使用的网格是一个由数组组成的数组。外围的数组代表了网格的行，每一行都是一个列的数组。你会用 y 坐标来指代行，用 x 坐标来指代列（如果理解有问题，回想一下网格纸）。

```
def setup_grid
  grid = []
  @ total_rows.times do |row|
    cells = []
    @ total_columns.times do |col|
      cells << Cell.new(@window, false, col, row)
    end
    grid << cells
  end
  grid
end
```

4. 网格里的细胞需要一些初始值。plant_seeds 方法要么随机地设置一个活着的细胞集，要么如果种子数组被提供的话，使用种子来设置活的细胞：

```
def plant_seeds(board, seeds)
  if seeds.nil? || seeds.empty?
    40.times do
```

```
      board[rand(@total_rows)][rand(@total_
      columns)].live!
      end
    else
      seeds.each do |x,y|
        cell(x,y).live!
      end
    end
  end
```

以 board[rand 开头、以 live! 结束的代码非常长。因此当你输入它时要格外小心。

5. 一个小的工具方法会被用来获取网格里处于一个具体的 x、y 坐标的 cell 对象。这会让你剩余的代码变得简洁一些：

```
  def cell(x, y)
    if @board[y]
      @board[y][x]
    else
      nil
    end
  end
```

6. 最后，设置 draw 方法的桩代码。它暂时不会做任何事，但是它可以使用一些你即将编写的代码来打印这个网格：

```
  def draw
  end
end
```

7. 保存代码并继续下一个类。

Cell 类

Cell 类的工作是存储细胞的状态（活的还是死的）以及根据细胞的状态来显示这个细胞。

1. 新建一个 cell.rb 文件并添加一些标准的 require 语句和类的开头代码：

```
require 'gosu'

class Cell
  WIDTH = 10
  HEIGHT = 10
```

你是用两个常量来代表细胞的大小的。网格会在之后的初始化函数里告诉它应该在哪个地方绘制。

2. 在初始化方法里设置初始的实例变量：

```
def initialize(window, alive, column, row)
  @@colors ||= {red: Gosu::Color.argb(0xaaff0000),
    green: Gosu::Color.argb(0xaa00ff00),
    blue: Gosu::Color.argb(0xaa0000ff)}
  @@window ||= window
  @alive = alive
  @column = column
  @row = row
end
```

注意，一些变量使用了 @@ 符号而不是单个 @ 符号。@@ 变量是类实例变量，所有由这个类新建的对象都可以共享这些变量。为什么这样做呢？难道 @window 和 @@window 工作起来不一样吗？不，它们工作起来一样！但是，因为以后每一个网格的副本都会有很多 Cell 对象（80×80=6400 个），而且这些变量的值都是一样的。你可以使用这个技术来节省一些内存，你需要用一个值来存储而不是用很多的副本。你现在不需要过分担心这个，我只是想告诉你这样做是可能的。

3. 暂时，顺便编写一些 draw 方法并结束这个类：

```
  def draw
    if @alive
      x1 = @column * WIDTH
      y1 = @row * HEIGHT
      x2 = x1 + WIDTH
      y2 = y1
      x3 = x2
      y3 = y2 + HEIGHT
      x4 = x1
      y4 = y3
      c = @@colors[:green]
      @@ window.draw_quad(x1, y1, c, x2, y2, c,
    x3, y3, c, x4, y4, c, 20)
    end
  end
end
```

这里，我向你展示了一个设置 draw 调用的不同的方法。你会计算矩形的每个角落，如果 @alive 变量是真的，你就会绘制那个细胞。

4. 保存并测试。你暂时还没有把事情都连接起来，因此你会看到如图 12-1 中的提示符，接着这个程序会崩溃，因为 Cell 对象缺失一个方法。该是完成所有类的时候了。

输入应该工作，但是接着你会得到一个错误。

```
project12 — bash — 80×24
Christophers-MacBook-Pro:project12 chaupt$ ruby life.rb
Welcome to the Game of Life
How many generations? (0 for infinite)
Pick a simulation (1-5) 1
/Users/chaupt/development/project12/grid.rb:31:in `block in plant_seeds': undefi
ned method `live!' for #<Cell:0x007fe002087e30 @alive=false, @column=11, @row=10
> (NoMethodError)
        from /Users/chaupt/development/project12/grid.rb:30:in `each'
        from /Users/chaupt/development/project12/grid.rb:30:in `plant_seeds'
        from /Users/chaupt/development/project12/grid.rb:11:in `initialize'
        from /Users/chaupt/development/project12/game.rb:14:in `new'
        from /Users/chaupt/development/project12/game.rb:14:in `initialize'
        from life.rb:16:in `new'
        from life.rb:16:in `initialize'
        from life.rb:32:in `new'
        from life.rb:32:in `<main>'
Christophers-MacBook-Pro:project12 chaupt$
```

图 12-1

直到 grid 对象被设置之前，所有内容都可以工作。

编写 Cell 方法

Cell 类的桩没有太多额外的代码。你需要新建一些方法来让检查和设置细胞活的状态变得简单一些。

1. 添加一个工具方法，它可以计算这个细胞的生命点数。暂时而言，如果你的细胞是活的，它值一个点数，如果是死的，它的值则是 0。游戏会使用这个来实现关于“有多少邻居是活着的”的规则。你可以调整这个值来改变游戏的运作方式。

```
def life_points
    alive? ? 1 : 0
end
```

2. 新建你自己的方法来检查和设置这个细胞的状态，而不是使用 Ruby 访问器来处理对象里的 alive 值：

```
def alive?
  @alive
end
def die!
  @alive = false
end

def live!
  @alive = true
end
```

3. 因为你有一个很友好的方法来检查细胞的状态，所以为何不清理一下 draw 方法并使用它？修改 draw 的第二行代码，让它看起来像这样：

```
def draw
  if alive?
```

4. 保存你的代码。如果你现在测试，图 12-1 里的错误消息应该会显示，现在你只能看到一个黑屏幕。

编写 Grid 方法

该是在屏幕上添加一些生命的时候了！真是个糟糕的双关，对不起！

1. 首先，你需要一些方法来访问 Grid 对象的内容。通过添加 Enumerable 方法到这个类，你允许程序的其他部分可以像使用其他 Ruby 内置容器一样遍历它的内容。从一个 each 方法开始：

```
def each
  @total_rows.times do |row|
    @total_columns.times do |col|
      yield cell(col, row)
    end
  end
end
```

这个代码使用了 Ruby 的 yield 语句，它将它的参数传入到了另一个代码块中。当你在数组或其他容器上使用这个方法时，它会将两个垂直符号（||）之间的内容填入进来。这里，你就遍历了每一行的每一列，一个细胞一次。

2. 虽然这个 each 方法返回了每个细胞，但有时你也想遍历整个网格并获得每个细胞的 *x* 和 *y* 坐标：

```
def each_cell_position
  @total_rows.times do |row|
    @total_columns.times do |col|
      yield col, row
    end
  end
end
```

3. 你可以使用上面的方法来判断整个网格上是否有生命。这个检查在之后对实现游戏规则很有用：

```
def lifeless?
  none? do |cell|
    cell.alive?
```

```
  end
end
```

none? 方法来自于 Ruby 的 Enumerable 模组，你在之前引入了它并使用你创建的 each 方法来测试每个细胞，判断它们中有没有细胞是真的（活的）。

4. 你也会想要一种逆向的检查，这样你可以收集所有活着的细胞的位置。你会在之后将它们作为种子来生成下一代网格。

```
def life
  living_cells = []
  each_cell_position do |x,y|
    living_cells << [x,y] if cell(x,y).alive?
  end
  living_cells
end
```

5. 一个略微复杂的代码片段来检查当前细胞的周围所有的细胞，看下有多少邻居是活的：

```
def surrounding_cells(x, y)
  cells = []
  (y - 1).upto(y + 1) do |row|
   (x - 1).upto(x + 1) do |column|
     next if row < 0 || row >= @total_rows
     next if column < 0 || column >=
    @total_columns
     next if x == column && y == row
     cells << cell(column,row)
    end
  end
  cells.compact
end
```

这个看起来很复杂，但是一旦你理解了语法，这并没有这么糟糕。

它设置了两个循环：

- 外部的循环查看了当前行的上一行和下一行。
- 第二个循环查看了当前行的前一列和后一列。

如果你再次考虑一下网格纸，你可以想象任何一个没有边的方格都被 8 个方格围绕。

3 个 next 检查语句被用来确保行号和列号不会超出网格的范围。如果其超出了，它们会自动被认为是“空”细胞。你也要忽视细胞本身，因为它不能是自己的邻居。

最后，你将剩余的细胞放入 cells 数组。因为一些可能的编程错误，其中一些细胞可能是 nil。数组类的 compact 方法会清空数组里的 nil 值，只剩下真正的细胞。

6. 你需要一个方法允许一个网格和另一个网格比较。你建立的其中一个规则说：如果一个网格和它的下一代版本的网格完全一样，它被认为“冻结了”，之后模拟就会结束。

这里你会比较两个网格，查看它们是否是一致的：

```
def ==(other)
  self.life == other.life
end
```

这个方法看起来有点奇怪，但它向你展示了你可以使用像 == 这样的符号作为一个方法的名字，这和使用字母和数字一样简单。

7. 最后，更新 draw 方法，使用之前的代码来遍历每个细胞并让它展示自己。

```
def draw
  each do |grid_cell|
    if grid_cell
      grid_cell.draw
    end
  end
end
```

8. 保存并再次测试你的代码。你应该不会获得任何错误，你会在屏幕上看到一些简单的生命（见图 12-2）。

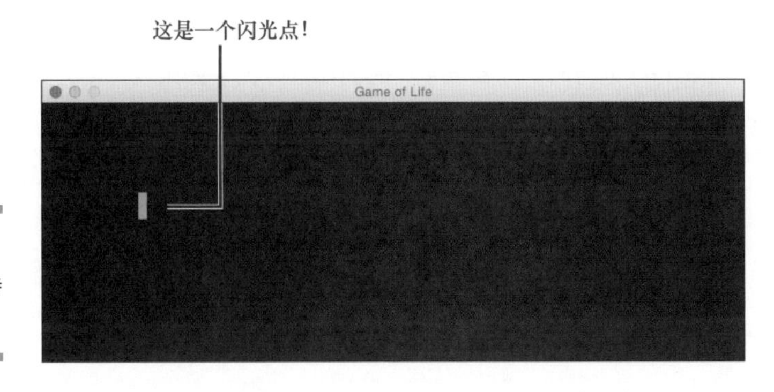

图 12-2
这个小生命正在等待跳舞的时刻。

编写 Game 方法

你已经拥有了所有你需要的部分，它们可以被用来实现康威的生命游戏的规则，也可以让用户界面展示在屏幕上。

编写用户界面

模拟实验看起来会很有趣，但如果你能提供一些关于发生了什么的反馈给用户，这将会更好：

1. 从用户界面着手，更新 draw 方法让它也显示一个关于当前是第几代演化的计数器和一个计时器：

```
def draw
  @ grid.draw
  draw_hud
end
```

2. 就像你之前的项目一样，HUD 使用了 Gosu 文本绘制代码：

```
def draw_hud
  if simulation_over?
    @ font.draw("Sim all done!", 200, 150, 10, 2, 2)
    @font.draw("#{@status_message} in #
    {@generation} generations after #{time_in_seconds}
    seconds!",
    110, 300, 10)
  else
    @font.draw("Time: #{time_in_seconds}",
  4, 2, 10)
    @font.draw("Generation: #{@generation}",
    540, 2, 10)
  end
end
```

当模拟在运行时，它会展示计时器和计数器。如果模拟因为某种原因终止了，HUD 会打印最终的消息和这是第几代演化的信息。

3. 新建一个小的工具方法，HUD 需要它来计算已经过去的时间：

```
def time_in_seconds
  @time_now - @time_start
end
```

编写游戏规则

生命游戏的规则是循环执行的，代码会检查网格和它里面所有的细胞，决定哪个细胞可以被修改，然后根据结果新建一个新的网格。这个循环会一直执行，直到达到了最大的演化次数或者游戏处于一个不能再有进展的状态。你寻求的两种状态分别是：这个网格是否空了或者网格是否不再改变了。

1. 从替换 Game 类的 update 方法开始判断当前的时间：

```
def update
  this_time = Gosu::milliseconds()
```

Gosu 提供了一个方法来计算游戏从开始到现在的毫秒数。你将使用它来判断是不是已经到了计算新一代细胞的时候了。

Gosu 会按照一定速度执行游戏循环，它会尝试尽量接近需求的帧数。帧数是程序尝试每秒刷新屏幕的次数，帧指的是一个屏幕的数据。默认情况下，这个值是每秒钟更新 60 帧。如果按照这个速度调用 update 来计算新一代的细胞，那模拟实验就会运行得太快。对于本项目来说，你的模拟只需要每秒更新 10 次就行，因此你需要编写一些代码来确保每次演化的间隔时间是我们希望的长短。

2. 检查演化间隔时间是不是到了：

```
if (this_time - @last_update > GENERATION_
    FREQUENCY &&
  (@max_generations == 0 ||
  @generation < @max_generations))
  new_grid = evolve
  @generation += 1
```

这个条件检查了两件事情。首先，期望的时间间隔过去了吗？第二，这个模拟有没有演化次数的限制，如果有，这个限制到了吗？如果条件通过了，它会使用 evolve 方法计算一个新的网格并增加演化次数的计数器的值。

3. 现在检查一下新的网格，查看它是否能存活（是否可以支持下一代演化）：

```
if new_grid.lifeless?
  @status_message = "Life disappeared"
  @max_generations = @generation
elsif new_grid == @grid
  @status_message = "Life froze"
  @max_generations = @generation
end
```

这个条件集使用了你在 Grid 类里编写的方法来测试面板是否有生命或不再改变。你使用了一点小技巧，你将 @max_generations 实例变量的值赋予了当前的 generation 值，这会导致 update 方法上面的条件失败，你便不用再运行模拟实验了。如果网格因为某种原因卡住了，那么继续执行也没有意义了。

4. 更新一下变量，结束 update 方法：

```
    @grid = new_grid
    @last_update = this_time
    @time_now = Time.now.to_i

  end
end
```

用新的网格代替旧的网格并继续追踪时间。

5. Evolve 方法工作时遍历整个当前的网格并将生命游戏的规则应用到每个细胞中，

然后你会将那些细胞作为种子细胞为下一轮新建一个网格：

```
def evolve
  life = []
  @grid.each_cell_position do |x,y|
    if determine_fate(x, y)
      life << [x, y]
    end
  end
  Grid.new(@window, GRID_WIDTH, GRID_HEIGHT, life)
end
```

6. 游戏的规则在 determine_fate 方法里：

```
def determine_fate(x, y)
    cell = @ grid.cell(x, y)
    neighbors = @ grid.surrounding_cells(x, y)
    score = 0
    neighbors.each {|n| score += n.life_points}
    (cell.alive? && score >= 2 && score <= 3) ||
    (score == 3)
end
```

通过作为参数传入的坐标，你可以获得那个细胞、找到这个细胞所有的邻居、计算它们有多少是活的。记住规则：如果当前的细胞是活的，那么它需要 2 个或 3 个邻居分数来继续存活；如果当前的细胞不是活的，但是如果邻居分数是 3，它会“出生”。对于所有其他的情况，这个细胞“会死”。

7. 保存并尝试运行这个代码。它应该会像动画一样。如果你设置了一共要演化几代，它应该会在那个数字到达后停止（检查一下 HUD！），并且它看起来和图 12-3 一样。你现在的代码里使用的种子图案被称为“眨眼”图案，为什么？

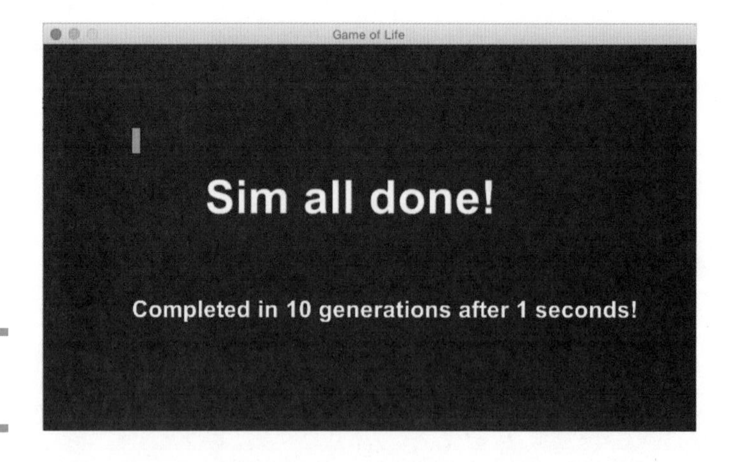

图 12-3

眨眼睛了！

添加更多的种子模式

这个项目有趣的地方是你可以实验很多不同的种子图案。你从这里开始添加一些更多图案。

1. 在 Game 类的内部、在 SEED_BLINKER 行后添加下面的常量：

```
SEED_RANDOM  = []
SEED_GLIDER  = [[1,0],[2,1],[0,2],[1,2],[2,2]]
SEED_THUNDER = [[30,19],[30,20],[30,21],[29,17],
    [30,17],[31,17]]
SEED_GROWER = [[12,12],[13,12],[14,12],[16,12],
    [12,13],[15,14],[16,14],[13,15],[14,15],[16,15],
    [12,16],[14,16],[16,16]]
```

当你在打字时，注意方括号和逗号的使用。这里很容易出现拼写错误。

2. 用这些新常量的名字更新 SEED_LIST 数组：

```
SEED_LIST    = [SEED_RANDOM, SEED_BLINKER, SEED_
    GLIDER, SEED_THUNDER, SEED_GROWER]
```

3. 保存并再次运行这个代码。这次，当你在“Pick a simulation (1 - 5)”提示符后输入不同的数字时，你应该可以看到不同的结果（见图 12-4，这是其中一种可能的情况）。你怎样描述你见到的每个模式？

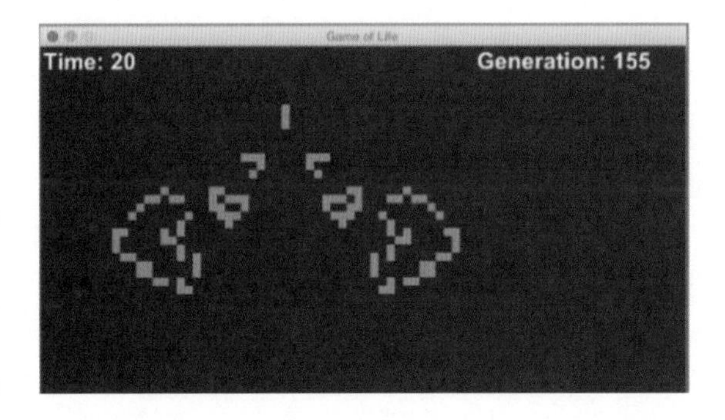

图 12-4
一些模拟过段时间会生成有趣的图案。

尝试一些实验

生命游戏提供了你可以尝试的各种类型的实验，你只需要改变种子图案就行了。因为这是一个被广泛研究的算法，所以你可以在网上找到很多建议——一些会新建的重复的图案，一些会在一段时间后冻结，一些会永远生成新的图案。

- 尝试在 Game 类中新建一些你自己的坐标列表，然后把它们添加到 SEED_LIST 里。你可以让细胞充满整个屏幕吗？
- 改变为 Grid 类里的 plant_seeds 方法里的随机选项建立的种子细胞的数量。数字变大或变小后会发生什么？
- 使用你在之前的项目里学到的内容，支持在网格里点击鼠标并在点击的地方新建一个新的活细胞。这一点很困难，但是会引发很多有趣的发现。
- 在线查看康威的生命游戏，找到一些重复的图案或不同的“生命形式”。你可以在本程序中重新构建它们吗？这个 Wiki 页面（https://en.wikipedia.org/wiki/Conway%27s_Game_of_Life）是一个好的切入点，你可以在上面找到一些“静止的生命”“振荡器”“宇宙飞船”。你只需要将网格状的位置转换成 *x*、*y* 坐标，然后将它们添加到本项目的数组中，和其他种子图案一样。